여행자를 위한
도시 인문학

전주
완주

여행자를 위한
도시 인문학

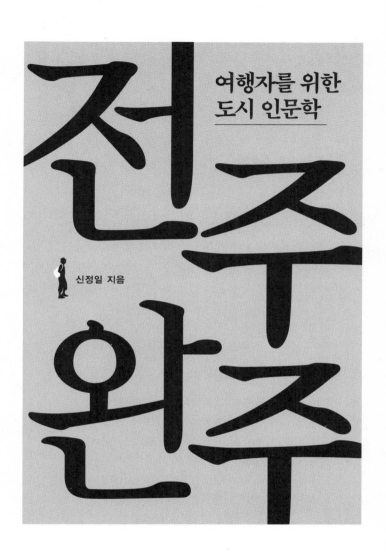

전주
완주

신정일 지음

기지
KINDS
BOOK

여행자를 위한
도시 인문학

전주
완주

1

전주01   역사 속으로

2

역사와 전통 속에
문화와 풍류가 흐르는 도시

'내겐 천 년을 산 것보다 더 많은 추억이 있다.' 프랑스 시
인 보들레르의 〈우울〉이라는 시의 한 소절이다. 십 년도 아니
고 백 년도 아닌, 천 년을 산 것보다 더 많은 추억이 남아 있는
곳, 전주라는 도시가 내게 그런 곳이다.

진안군 백운면 덕태산 자락 흰바우마을에서 태어났지만 청
소년기에 고향을 떠나 지금은 치즈마을로 이름난 임실 중화성
리에서 작가가 되기 위해 책만 읽으며 우울한 삶을 살다가 군
대에 입대했다. 제대 후 2년 반 정도를 제주도에서 극한 노동
을 하며 살았고, 1980년 가을부터 전주에 터를 잡고 살기 시작
했다.

수많은 우여곡절을 겪으면서도 떠나지 않고 제3의 고향처
럼 살고 있는 전주를 두고 사람들은 '맛과 멋의 도시' '풍류가
함께하는 고을'이라고 말한다. 맞다. 오랜 역사와 전통 속에 문

화와 풍류가 흐르는 도시, 그 어느 지역보다 독특한 개성이 있는 도시가 바로 오늘의 전주다.

조선 전기의 문신으로 이방원이 왕위에 오르는 데 기여했던 윤곤은 전주를 두고 "나라의 발상지이며, 산천의 경치가 빼어나다"고 하였고, 조선 8도를 답사하고 《택리지》라는 인문지리지를 펴낸 이중환은 전주를 다음과 같이 묘사했다.

주줄산 이북의 여러 골짜기 물이 고산현을 지나 전주 경내에 들어와 율담(栗潭), 양전포(良田浦), 오백주(五百洲) 등의 큰 시내가 되어 농사에 이용되기 때문에 땅이 아주 기름지다. 그리고 벼, 생선, 생강, 토란, 대나무, 감 등의 생산이 활발해서 천 마을, 만 마을의 삶에 이용할 생활필수품이 다 갖추어졌고, 서쪽의 사탄(斜灘, 만경강의 옛 이름)에는 생선과 소금을 실은 배가 자주 통한다. 전주 관아가 자리한 곳은 인구가 조밀하고 물자가 쌓여 있어 경성과 다름이 없으니, 하나의 큰 도회지다. 노령 북쪽의 10여 고을은 모두 좋지 못한 기운이 있지만 오직 전주만 맑고 서늘하여 가장 살 만한 곳이다.

전라북도의 도청소재지인 전주는 동쪽으로는 진안군, 서쪽으로는 김제시, 남쪽으로는 임실군과 정읍시, 북쪽으로는 익산시와 완주군이 맞닿아 있다. 삼한 시절에는 마한의 땅, 삼국시대에는 백제의 땅, 통일신라시대에는 신라의 땅이었다. 진흥

왕 16년에 완산주가 되었다가 경덕왕 15년에 현재의 이름인 전주로 바뀌었다. 900년에 경상도 상주(오늘날의 문경시 가은읍) 사람 견훤이 전주에 후백제를 세운 뒤 36년 간은 후백제의 도읍지였다.

전주가 관향인 이성계가 조선을 건국한 뒤에는 전주부가 되어 광주시, 전라남도와 제주도를 포함한 호남지방을 다스리는 전라도 감영이 들어섰다. 1913년 전주면으로 바뀌었고 일제시대인 1930년 전주읍으로 승격되었다가 1935년 다시 전주부로 바뀌면서 완주군과 나뉘었다. 해방 후 1949년에 전주시가 되었다.

길다면 길고 짧다면 짧은 인생의 길 중 가장 많은 시간을 살았던 전주는 내 인생의 희망과 절망, 그리고 아름답고도 슬픈 이야기들이 그물코처럼 촘촘히 짜여 있는 도시다.

5공화국 초기인 1981년 가을 운명처럼 모처에 끌려가(간첩 혐의로) 모진 고문을 받고 가까스로 살아 돌아와 그 상처를 치유하기 위해 우리 국토를 걸었다. 그 뒤 1985년부터 황토현 문화연구소를 만들어 문화운동을 시작했다. '느티다방' '당신들의 천국'이라는 카페를 열고 '여름시인 캠프' '남녘기행'이라는 문화유산답사 등 수많은 사업을 벌였다.

문화운동을 하며 그때 많은 사람들에게 들었던 별명이 돈키호테였다. '이룩할 수 없는 꿈을 꾸고, 이루어질 수 없는 사랑을 하고, 이길 수 없는 적과 싸움을 하고, 견딜 수 없는 고통을 견디며, 잡을 수 없는 저 하늘의 별을 잡자.' 세르반테스의 소설 《돈키호테》의 주인공처럼 좌충우돌하며 벌였던 일 중 하나가 역사 바로 세우기였다. 그 일환으로 동학의 지도자들인 김개남과 손화중 기념사업회를 만들어 전주 덕진공원에 추모비를 세웠다. 조선시대 혁명가인 정여립과 기축옥사를 재조명하면서 정여립로와 정언신로를 만들자고 제언했고, 대동사상 기념사업회를 결성했다. 전라세시풍속보존회를 결성해 잊혀가던 전통세시풍속을 되살려내는 일도 했다.

  1995년부터는 '우리가 살고 있는 지역의 길 이름을 아름다운 우리말이나 옛 이름으로 짓자'는 운동을 전개하기 시작했다. 전주시의 길 이름 2700여 개가 바뀌는 데 결정적 역할을 했는데 녹두길·김개남길·대동길 등 아호나 이름을 넣어 역사인물들을 재조명하고자 했다. 중화산동에 있던 화산서원을 오늘에 되살려 선너머길(서원너머길)이 만들어졌고, 인후동의 해금장 사거리가 명주 베의 집산지였던 점을 상기시켜 명주골 네거리로 바꿨다. 평화동 사거리는 효자의 전설이 서린 꽃밭정이(꽃샘)길로 부활시켜 꽃밭정이 네거리를 만들어주었다. 삼천천과 전주천이 만나 가래여울이 진다는 뜻으로 불리던 추천대 부근의 길은 여울길이라고 지었다. 이 운동은 학교 이름에도 영향을 미쳐 천편일률적이던 이름들이 솔내·여울초등학교 등 아름다운 우리말로 많이 바뀌었다.

이러한 사업들을 전개할 수 있었던 자신감은 '산천을 유람하는 것은 좋은 책을 읽는 것과 같다'는 옛 사람들의 말을 따르고, '견문이 넓어야 안목이 넓다'고 말한 주자학의 창시자 주자의 말을 거울삼은 데서 비롯되었다. 그 결과로 100여 권의 책을 집필해 의식주를 해결할 수 있었다. 그 책들 속에 내가 살고 있는 전주와 완주 일대를 주제로 많은 글을 썼다. 하지만 한 권의 책으로 정리하지 못했던 이유는 '가장 아름다운 시는 아직 쓰여지지 않았다'는 말과 같이 훗날의 숙제로 남겨놓았기 때문이다.

〈여행자를 위한 도시 인문학〉 전주·완주 편을 준비하면서 시간만 나면 시내버스를 타고 시점부터 종점까지 여행을 다니는 동안, 전주라는 도시에서 40여 년을 살아오는 사이 상전벽해처럼 변하고 또 변한 전주를 확인했다. 한때 전주의 상징이던 미원탑을 기억하는 사람은 많지 않았고, 홍지서점 일대에 모여 있던 책천지를 비롯한 10여 개의 헌책방은 지금 한가네서점과 태양서점만 남았다. 클래식 음악 애호가들이 드나들던 필하모닉을 기억하는 사람도 별로 없었다. 전주우체국 옆에 있던 바둑천재 이창호의 아버지가 운영하던 이시계점을 기억하는 사람도, 전주의 큰 서점이었던 문성당을 기억하는 사람도 가뭄에 콩 나듯 드물었다.

반면 전주의 이모저모를 더듬는 여정이 거듭될수록, 지금은 갈라져 있는 전주와 완주가 하나의 도시라는 사실을 확실하게 느낄 수 있었다. 《주역》의 〈계사〉에 '역(易) 궁즉변(窮則變) 변즉통(變則通) 통즉구(通則久)'라는 글이 있다. 풀어보면 궁하면 변하고, 변하면 서로 통하고, 통하면 오래 갈 수 있다는 뜻이다. 한마디로 '변화가 진리'라는 말이다. 변화하고 또 변화하는 속에서 언젠가는 '온전할 전(全)'의 전주와 '완전할 완(完)'의 완주가 다시 통합될 것이라 여겨 하나의 책으로 묶게 되었다.

공자는 말했다. "방에서 문을 통하지 않고선 나갈 수 없듯이 사람이란 길을 통하지 않고선 어디든 갈 수가 없다." 자! 떠나자! 후백제의 고도, 정여립의 대동사상, 그리고 동학의 역사와 풍류가 살아 숨 쉬는 전주와 완주의 속살을 제대로 보기 위해. "솔찬히 예쁘네" "그렁게" 라는 감탄사가 저절로 나오는 그곳으로.

전주·완주 인문 지도

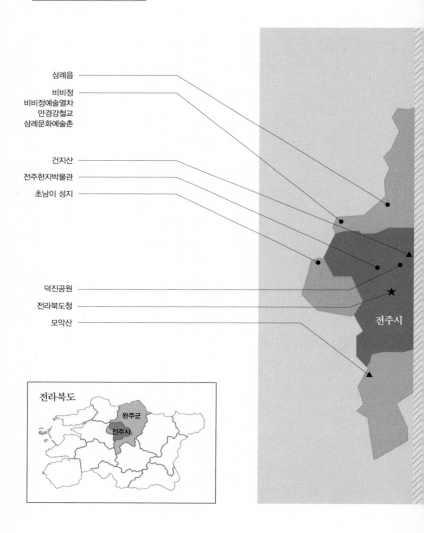

삼례읍

비비정
비비정예술열차
만경강철교
삼례문화예술촌

건지산

전주한지박물관

초남이 성지

덕진공원

전라북도청

모악산

전주시

전라북도

완주군
전주시

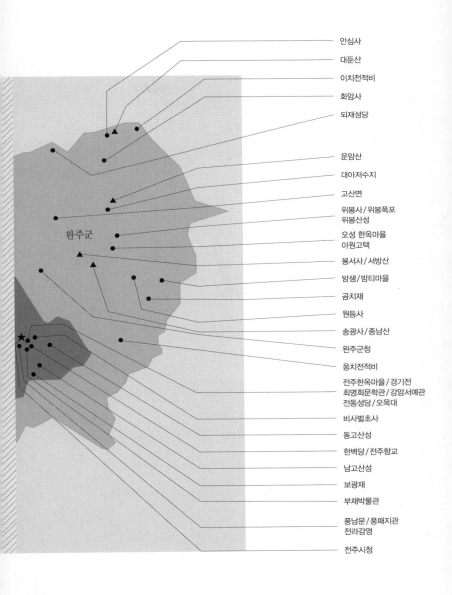

안심사

대둔산

이치전적비

화암사

되재성당

운암산

대아저수지

고산면

위봉사 / 위봉폭포
위봉산성

오성 한옥마을
아원고택

봉서사 / 서방산

밤샘 / 밤티마을

곰치재

원등사

송광사 / 종남산

완주군청

웅치전적비

전주한옥마을 / 경기전
최명희문학관 / 강암서예관
전동성당 / 오목대

비사벌초사

동고산성

한벽당 / 전주향교

남고산성

보광재

부채박물관

풍남문 / 풍패지관
전라감영

전주시청

완주군

역사 속으로

후백제 도읍지가
개성 만점 문화관광도시로

전주의 서쪽에 병풍처럼 서 있는 황방산에 올라서서 바라보면 크고 작은 산들이 에워싼 가운데 마치 분지처럼 도시가 펼쳐져 있다. 서쪽으로 익산의 미륵산과 천호산이 솟아 있고 북쪽으로는 서방산과 종남산과 원등산이, 그 너머에는 연석산과 운장산이 서 있다. 만덕산을 지나서 기린봉, 동고산성이 있는 승암산을 지나면 고덕산에서 흘러 내려온 남고산성이 있고 위대한 어머니의 산인 모악산을 지나면 천잠산이다. 시내에 야트막하게 펼쳐진 완산칠봉은 용머리 고개를 지나 다가산으로 연결되고, 다시 전주천을 지나 가련산으로 이어지다가 덕진연못을 지나면 전주의 진산인 건지산에 이른다.

'기름진 땅과 메마른 땅이 섞여 있으며, 사람들의 눈치가 빠르고 영리하다'고 《주기(州記)》에 기록된 전주를 고려 때 사록겸장서기(司錄兼掌書記)로 부임했던 이규보는 다음과 같이 평했다.

전주는 완산이라고 부르는데 옛 백제국이다. 인물이 번호(繁浩)하고 가옥이 즐비하여 고국(古國)의 풍이 있다. 그러므로 그 백성은 어리석거나 완고하지 않고 모두가 의관을 갖춘 선비와 같으며 행동거지가 본뜰 만하다. 그러나 완산이란 이름은 근교의 작은 산봉우리에 지나지 않는데, 어찌해서 고을의 이름이 되었는지 이상하다.

조선을 건국한 태조 이성계의 조상이 살았다고 해서 객사의 이름조차 풍패지관(豊沛之館)이라고 붙인 전주에는 호남제일문인 풍남문과 경기전, 오목대, 이목대 등 문화유산이 많다. 고종 31년(1894) 5월에는 동학농민군이 무혈입성을 한 뒤 전주화약을 맺었던 곳이며, 오늘날 지방자치제의 효시라 할 집강소를 설치했던 역사의 현장이기도 하다.

하지만 시간의 흐름 속에 사라진 것도 많다. 제주도를 포함하여 전라도 일대를 다스리던 전주부성의 4개 문 중 풍남문만 남아 있고 그 안에 자리했던 매월정이나 진남루, 제남루 등의 정자와 누각은 오직 옛사람의 글에만 남아 있을 뿐이다.

전라도의 가장 큰 고을이었던 전주의 변천에 대해 가람 이병기 선생은 다음과 같이 기록하고 있다.

호남철도를 처음 놓으려 할 때 덕진으로서 오목대 뒤로 그 선을 계획하였던 바, 그때 전주의 가장 유지였던 박기순 또는 모모하는 전주의 명사 수십여 인이 오목대에 올라 발을 동동 구르며 "오목대의 뒤를 끊으면 전주는 망한다" 하고, 총독부에 진정서를 내어 반대하였으므로 드디어 호남선은 이리와 김제 등지로 놓이게 되었다가, 그 뒤 일정의 세력이 높으매 그들의 임의로 이리에서 여수까지 지선이 생겼던 것이다.

애당초 호남선이 전주로 통과하게 되었더라면 전주의 발전이 그 얼마나 증가하였을까! 되잖은 완고한 풍수설이나 믿던 사상으로서 도리어 낙후의 탄을 하게 하였으며, 다른 도시보다도 참혹하게 전주는 일본인 시가가 되었었다. 만약 그때 이 지방 부로들이 선견지명이 있었더라면 전주시는 물론이고 덕진 내지 동산촌까지라도 일찍 굉장한 번영이 있었을 것이다.

선생의 말이 맞다. 허허벌판에 들어선 익산이 큰 도시가 되고 한밭이라는 작은 마을 대전과 경상감영이 있던 대구가 큰 도시로 발전한 가장 큰 요인은 철도였다. 전주는 한때 '전국 7대 도시'에 속했으나 지금은 지방의 작은 도시가 되고 말았다.

하지만 그 작은 도시는 '전주다움'이라는 개성이 빛나는 문화관광도시로 새로운 가치를 만들어냈다. 유네스코가 지정한 세계문화유산 '판소리'의 고장이자 '음식창의도시'에는 사람들의 발길이 끊이지 않는다. 매년 1000만 명이 넘는 국내외 관광

객이 찾아오는 한옥마을은 우리나라에서 가장 가보고 싶은 곳
으로 손꼽히고 있다.

한지와 완판본의 고장답게 전주는 도서관이 많은 '책의 도
시'이기도 하다. 지금은 사라지고 없는 문성당, 금강서점, 민중
서관의 뒤를 이어 수많은 도서관이 들어섰다. 전주시청 로비의
책기둥도서관을 시발점으로 시립도서관 꽃심, 여행자도서관,
팔복 예술공장의 이팝나무 그림도서관, 학산 시집도서관 등 수
십여 개의 도서관이 개관했고, 한국 최초의 길 도서관도 만들
어지고 있다.

작은 도시 전주는 개성이 빛나는
문화관광도시로 새로운 가치를 만
들어냈다.

견훤이 꿈꾼
백제 왕조의 부활

오천 년의 역사를 간직한 우리나라에서 한 나라의 도읍지였던 곳은 몇 개나 될까? 고구려의 평양, 고려의 개성, 태봉국의 철원, 백제의 위례성과 공주와 부여가 있으며, 조선 오백 년의 서울과 신라의 경주가 있고, 36년 간 후백제의 도읍지였던 곳이 전주다.

삼국을 통일한 뒤 한반도를 다스리던 신라 왕조는 9세기 말 기로에 처했다. 진성여왕은 위기를 감지하지 못한 채 황음을 즐겼고, 진성여왕의 총애를 받는 몇몇 가신들의 횡포로 정치 기강은 극도로 문란해졌다. 왕실의 권위는 땅에 떨어졌고 지방 호족들이 나라 곳곳을 점령하여 반 독립적인 세력을 형성했다. 농민들은 국가와 호족, 계속되는 자연재해라는 삼중의 수탈에 시달렸다.

악 중의 악이 없는 곳이 없었고, 굶주려 죽은 시체와 전쟁터에서 죽은 시체는 들판에 별처럼 즐비하였다. (……) 나라가 기울어지려고 한다.

최치원이 지은 《해인사묘길상탑기(海印寺妙吉祥搭記)》에 실린 당시의 상황이다. 농민들의 저항은 점점 더 거세어져 약탈과 살육이 자행되었다. 초적(草賊) 또는 적고적(赤拷賊)으로 불린 도적떼들은 붉은색 바지를 입고 관아를 침략해 비축된 관곡을 약탈해 갔다.

진성여왕 3년인 889년 사벌주(지금의 상주)에서 일어난 원종과 애노의 폭동을 필두로 죽주의 기훤, 북원의 양길, 염주의 유긍순, 괴산의 청길 등이 앞다투어 일어났다. 고구려 유민들의 호응을 업고 한반도를 재통일하기 위해 궁예가 불철주야 세력을 확장하고 있을 때 상주 사람 견훤(867~935)이 역사의 전면에 등장하게 된다.

견훤(甄萱)은 경상북도 문경시 가은읍 아차마을에서 가난한 농부인 아자개의 맏아들로 태어났다. 청년시절 고향을 떠나 군인의 길을 걸었고, 군사훈련을 마친 뒤 전라도 순천만으로 가서 새로운 꿈을 펼치기 시작했다. 휘하 병력을 이끌고 순천과 여수 일대를 시발로 주변 고을들을 하나씩 점령해나간 그는 892년 무진주(지금의 광주광역시)를 점령하고 스스로 왕위에 올랐다. 900년에는 완산주(지금의 전주성)에 무혈입성하여 도읍을 정하면서 성 밖에서 환호하는 백제 유민을 향해 외쳤다.

내가 삼국의 시작을 상고해보니 마한이 먼저 일어난 후에 혁거세가 흥기한 고로, 진한과 변한이 이것을 따라서 일어났다. 이때에 백제는 나라를 금마산에서 개국하여 600여 년이 되었는데 총장(總章) 연간(668~669년)에 당나라 고종이 신라의 요청에 따라 장군 소정방을 보내어 그가 수군 13만 명을 거느리고 바다를 건너왔고, 신라의 김유신이 권토하여 황산을 지나 사비에 이르러 당나라 군사와 함께 백제를 공격하여 멸망시켰다. 그처럼 비겁한 일이 또 어디 있는가. 나는 지금 감히 도읍을 세우려는 것이 아니라 오직 백제의 사무친 숙분을 풀려고 온 것뿐이다.

《삼국사기》 〈열전〉 '견훤' 편

전주에 도읍을 정한 견훤은 나라 이름을 당당하게 백제의 맥을 잇는다는 뜻으로 '백제'라고 선포했다. 후백제는 후세에 역사가들이 전 백제와 구분하기 위해 붙인 이름일 뿐이다. 그리고 그 자신을 대왕이라 칭하면서 정개(正開)라는 연호를 반포했다. 김춘추와 김유신이 고구려와 백제를 멸망시키기 위해 외세인 당나라를 끌어들인 후 당나라 연호를 사용했던 것과 달리 자주적인 연호를 쓴 것이다. 정개에는 '바르게 열고, 바르게 시작하고, 바르게 깨우친다'는 의미가 담겨 있었다. 비참하게 몰락한 백제 왕조를 부활시키기 위해 힘찬 첫발을 내디딘 것이며, 도탄에 빠진 민중을 구원하고 세상을 건지겠다는 미륵의 나라 건설을 피력한 것이다.

견훤은 국가의 정체성을 확립한 뒤 내적으로는 호족과 혼인관계를 맺어 그들을 포섭하면서 세력을 확장해나갔다.《동사강목(東史綱目)》을 지은 안정복은 당시 상황을 다음과 같이 서술했다.

견훤이 백제의 옛 땅을 남김없이 차지했는데 그가 가진 재력의 부유함과 갑병의 막강함은 족히 신라와 고려보다 뛰어나서 먼저 드러났다.

해상 세력을 바탕으로 옛 백제의 외교를 복원하는 데도 총력을 기울였다. 중국의 오월국과 후당에 사신을 파견해 자신의 존재를 알림으로써 위상을 높이는 한편, 한반도 전체를 대표하려는 의지도 과시했다. 이는 신라를 고립시키려는 전략의 일환이기도 했다. 중국의 후당, 요하 부근의 거란과도 외교 관계를 맺었는데, 그에 관한 기록이《삼국사기》에 다음과 같이 남아 있다.

거란의 사신 사고와 마돌 등 35인이 예물을 가지고 찾아오니 견훤이 장군 최견으로 하여금 마돌 등을 동반하여 전송하게 하였는데, 항해하여 북쪽으로 가다가 바람을 만나 당나라 등주에 이르러 죄다 학살되었다.

하지만 삼한 통일을 염원했던 견훤의 큰 뜻은 아들과의 내분으로 막을 내리고 말았다. 견훤은 첫 부인에게서 난 아들인 신검이나 양검보다 후백제를 세운 뒤 얻은 부인에게서 난 아들로 키도 크고 지혜로웠던 넷째 금강을 더욱 신뢰하여 왕위를 계승시키고자 했다. 그 사실을 알아챈 신검은 이찬 능환으로 하여금 휘하의 사람을 강주, 무주 등으로 보내 음모를 꾸미게 했다. 935년 3월 견훤은 아들에 의해 김제 금산사에 유폐되었고 금강은 곧바로 죽임을 당하고 말았다. 그 때의 상황이 《삼국유사》에는 이렇게 실려 있다.

처음에 견훤이 잠자리에 누워 아직 일어나지도 않았는데 멀리 대궐 뜰로부터 고함소리가 들렸으므로 "이것이 무슨 소리냐!"고 묻자 신검이 그 아버지에게 고하기를 "왕이 연로하셔서 군무와 국정에 혼미하므로 맏아들 신검이 부왕의 자리를 대신하게 되었으므로 여러 장수들이 축하하는 소리입니다"고 하였다. 얼마 안 있어 그 아버지를 금산불우로 옮기고 파달 등 장사 30명으로 지키게 하였다.

 금산사에 석 달 동안 유폐되어 있던 견훤은 감시병사 30여 명에게 술을 빚어 먹인 후 막내 아들 능애, 딸 애복, 애첩 고비 (금강의 어머니) 등과 함께 나주로 도망하여 왕건에게 항복했다. 왕건은 유금필을 보내 그를 맞이한 후 백관의 벼슬보다 높은 상부의 지위와 양주를 식읍으로 주었다. 백제의 맥을 잇겠다며 신라와 궁예, 그리고 왕건이 이끄는 후고구려와 맞붙어 싸웠던 견훤의 큰 뜻은 사라지고 말았다.

 견훤은 그 후 《삼국사기》에 기록된 대로 '수심과 번민으로 등창이 나서' 지금의 논산시 연산에 있던 절 황산사에서 죽고 말았다. "하늘이 나를 보내면서 어찌하여 왕건이 뒤따르게 하였던고. 한 땅에 두 마리 용은 살 수 없느니라. 내가 죽거든 전주가 보이는 곳에 묻어 달라"고 탄식하며 눈을 감았다고 한다. 구전되는 그의 무덤은 충청남도 논산시 연무읍 금곡리에 죽기 직전까지 그리워한 전주 땅을 바라보며 남아 있다.

 36년간 도읍을 열었던 견훤, 즉 후백제의 유적은 현재 어떤 형태로 남아 있을까? 1980년 발굴을 마친 동고산성에서는 '전주성'이라는 글씨가 찍힌 연꽃무늬 와당이 발견되었고, 남고산성에는 '후백제 견훤이 쌓은 산성으로 추정된다'는 표지판이 세워져 있다. 하지만 견훤이 축조했다고 전해지는 김제 금산사 들목의 홍예문이나 그가 3개월여 유폐되었던 금산사에서는 어떤 문구 하나 찾아볼 수 없다.

미국 캔자스 대학의 허스트 3세 교수는 〈선인, 악인, 추인〉
이라는 논문 중 '고려 왕조 창건기 인물들의 특성'이라는 글에
서 다음과 같이 백제의 패망을 아쉬워했다.

견훤 역시 '악인'이라는 이미지에서 상당히 회복될 필요가 있
다. 그는 쇠퇴하는 힘에 대항하여 맹렬히 공격한 한반도 남서
부 지역의 인물로서, 아직도 천명을 보유하고 있던 신라 왕조
와 함께 상당한 군사적, 도덕적 힘을 지니고 있던 백제인이었
다. 견훤의 왕국은 거의 반세기 동안이나 존재하였으며 더구나
번성하였다. 지지한 사람들과 지지한 이유는 분명하지 않지만,
나는 그도 역시 상당한 지도력과 군사적 자질을 소유하였던 인

남원 실상사에 남아 있는 편
운화상 승탑. 견훤이 세운 후
백제의 연호인 정개(正開)가
새겨져 있다.

물임에는 틀림없다고 생각한다. 운명의 뒤틀림이 없었더라면 10세기 한국은 견훤에 의해 통일되었을지도 모른다. 옛 백제의 중심 지역으로부터 한반도를 통일하는 새 왕조 창건을 합법화하기 위하여 백제 계승자로서의 역사를 선전했을 왕조가 생겨났을 수도 있었다.

전주에 오래 살면서 아쉬운 것 중 하나가, 역사 속에 실재했던 후백제의 왕도인데도 견훤이 머물렀던 왕궁터 하나 추정하지 못하는 슬픈 현실 앞에 아무런 역할을 못하는 것이다. 언제쯤이면 전주라는 도시에서 후백제라는 옛 나라의 역사가 화려하게 부활할 수 있을까.

국내 유일 후백제 유적지
동고산성과 남고산성

동고산성과 남고산성은 견훤의 숨결과 이야기가 담긴 귀한 유적지다. 《신증동국여지승람》 '고적' 편에는 '고토성(古土城): 부의 서쪽 5리에 있다. 터가 남아 있는데 견훤이 쌓은 것이다' 라는 기록이 있는데, 현재 전주에 후백제 왕궁터로 알려진 곳은 동고산성의 건물터뿐이다.

승암산 중턱에 자리해 승암산성이라고도 부르는 동고산성(전라북도 기념물 제44호)은 성 내부에 있던 주춧돌만 남은 건물터다. 후백제의 왕궁터라고 하는데, 전체 188칸으로 고대 단일 건물 중 최대 규모다. 만약 그 자리에 건물이 서 있다면 여수 진남관보다 컸을 것으로 추정된다. 발굴 당시 출토된 연꽃무늬 수막새와 암막새에 전주성(全州城)이라 씌여져 있는 문자가 이곳이 견훤 왕궁터였음을 말해준다.

동고산성을 왕궁터라 한 기록은 1688년(숙종 14년)에 성황사를 이곳으로 옮기면서 쓴 〈성황사 중창기〉에도 나와 있다.

《여지도서(與地圖書)》에 실린 글을 보면 다음과 같이 설명한다.

성황당 관아의 동쪽 3리 승암 오른쪽에 있다. 예전에는 사당이 기린봉 왼쪽에 있었으며, 진흙으르 조각상을 만들어 제사를 지냈다. 관찰사 이언호가 이 조각상을 무너뜨리고 대신 위패를 만들어 제사를 지냈으며, 이곳에 단을 쌓고 옮겨 모셨다고 한다. 예전 사당은 마침내 없어져 부정한 귀신을 제사 지내는 사당이 되었다.

동고산성이 있는 승암산(위).
정상에는 조선시대 천주교
순교자의 묘지인 '치명자산
성지'(아래)가 자리잡고 있다.

성황사에 모신 사람은 신라의 마지막 임금인 경순왕과 그의 가족들이다. 흙으로 만든 소상으로 신단 오른쪽부터 둘째 부인 최씨와 김부대왕, 최씨 부인의 아들인 태자와 태자비, 정후 허씨 차례로 배열되어 있다. 무속에서는 대개 억울하게 죽은 영웅을 신으로 모신다. 최영 장군이나 임경업을 많이 모시고 근대에는 맥아더 장군을 모시는 곳도 있다. 그런데 어떤 연유로 후백제의 수도였던 전주에 신라의 마지막 임금인 경순왕과 그의 가족을 모신 성황사가 세워졌는지는 알 길이 없다.

여러 차례의 학술조사를 통해 이곳을 후백제 왕궁이 있던 자리로 추정하지만 확실하지는 않다. 예로부터 전해오는 말에 '쌀 씻은 물이 십 리를 흘러갔다면 절에 천 명의 스님이 살았고, 쌀 씻은 물이 삼십 리를 흘러갔다면 스님이 삼천 명 살았다'고 한다. 절을 짓거나 성을 쌓을 때는 물이 풍족한 곳에 터를 잡았다. 그런데 동고산성은 어떤가? 절대적으로 물이 부족하다. 건물터 아래 샘에서 물이 겨우 졸졸 흐르는 곳에 견훤이 왕궁터를 잡고 오월국이나 거란국의 사신들을 맞았을까? 어쩌면 이곳은 후백제의 행궁터였을 것이다.

중간에 길이 산과 강을 갈라놓으니, 남주(南州)의 물색이 구분되었네. 얽힌 소나무는 옛날 역원을 알리고 (…) 견훤이 군병을 지휘하던 땅, 물가에 임하여 사립문이 걸렸네.

《신증동국여지승람》에 실린, 고려 후기의 문신 정추가 지은 〈견훤 농병지〉를 보면 고구려의 국내성이나 환도산성과 유사한 구조인 동고산성은 전주가 후백제의 수도였을 때 비상시에 대피하는 성으로 이용되었을 것으로 추정된다. 승암산 정상에는 조선시대 천주교 순교자의 묘지인 '치명자산 성지'가 자리잡고 있으며 전주를 한눈에 바라볼 수 있는 동고사도 있어 역사 · 종교 · 자연을 한꺼번에 돌아볼 수 있다.

고덕산의 서북쪽 골짜기를 에워싼 포곡형 산성인 남고산성 (사적 제294호)은 견훤산성(甄萱山城), 고덕산성(高德山城)으로도 불린다. 901년 견훤이 도성 방어를 위해 처음 쌓았고 지금의 성벽은 임진왜란 때 전주부윤 이정란이 이곳에 입보하여 왜군을 막을 때 수축했다. 숙종 때는 완주 소양의 위봉산성에 이어 진이 설치되었고 성내에는 진장이 머무르는 관청과 창고, 화약고 등이 있었다. 그 뒤 1811년(순조 11년)에 관찰사 이상황이 증축하기 시작하여 이듬해 박윤수가 관찰사로 부임한 뒤 완성했다. 1911년 발간된《완산지》에는 남고산성이 완성되고 진이 설치된 시기가 1813년이라고 기록되어 있다.

남북에 장대(將臺)가 있고 동서남북에 각각 하나씩 포루가 있으며 천경대 · 만경대 · 억경대 같은 절벽을 자연 요새로 이용한 점이 돋보인다. 영조 때 기록에 의하면 성 안에 민가 100여 채가 있고 4개의 연못과 25개의 우물이 있었다고 한다. 현

재는 남고사와 관성묘가 있고, 조선 후기의 명필로 알려져 있
는 창암 이삼만의 글씨로 남고진의 내력을 기록한 '남고진 사
적비(南固鎭事蹟碑)'가 남아 있다. 중국 촉한의 장군이었던 관우
를 무신으로 받들어 제사하는 사당인 관성묘 입구에는 '대소인
원을 막론하고 이곳에서부터는 말에서 내려 걸어가라'는 하마
비가 서 있다. 임진왜란 때 조선과 명나라가 왜군을 물리친 데
에는 관우의 덕이 컸기 때문이라고 여겨 임진왜란 중 관성묘가

남고산성에 남아 있는 남고사.

많이 세워졌는데, 조선 후기에 그 폐해가 너무 심했다. 천경대에서 산성 안을 내려다보면 관성묘가 보인다.

억만 가지가 보인다는 억경대에 올라서면 빼곡이 들어선 아파트 숲 건너로 완산칠봉이 보이고, 더 멀리는 황방산이 흐릿하게 펼쳐진다. 만경대에서는 전주 시가지가 한눈에 내려다보인다. 이성계와 함께 전주에 왔던 정몽주는 만경대에 올라 다음과 같은 시를 남겼다.

천인(千仞) 높은 산에 비낀 돌길을 올라오니 품은 감회 이길 길이 없구나. 청산이 멀리 희미하게 보이니 부여국이요, 황엽이 휘날리니 백제성이라. 9월 높은 바람은 나그네를 슬프게 하고, 백년 호기는 서생을 그르치게 하누나. 하늘 가로 해가 져서 푸른 구름이 모이니, 고개 들어 하염없이 옥경(玉京)을 바라보네.

만경대의 바위벽에는 '만경대'라는 큰 글씨가 새겨져 있고 그 바로 아랫부분에 포은 정몽주의 시가 새겨져 700여 년 전의 그날을 생각게 한다. 전주에 살면서도 동고산성이나 남고산성을 모르는 사람이 많다. '남고(동고)산성을 사랑하는 사람들의 모임' 같은 걸 만들어 가꾸고 보존하면 얼마나 좋을까?

세계 최초의 공화주의자
정여립과 기축옥사

전주의 초입 혁신도시에 위치한 큰 도로의 이름이 '정여립로'다. 조선시대 사상가이자 혁명가인 정여립의 이름을 딴 길이다. 정여립은 누구인가? 영국의 혁명가 올리버 크롬웰이 청교도 혁명으로 공화주의를 주창했던 1649년보다 60년 앞선 1589년 '천하는 공공한 물건이지 어디 일정한 주인이 있는가?'라는 기치를 내걸고 세계 최초로 공화주의를 주창한 사람이다.

조선 최대의 역모 사건인 기축옥사의 주인공 정여립에 대한 평가는 아직도 부정적인 경우가 대부분이다. 답사길이나 사석에서 정여립에 대해 물어보면 대다수 사람들은 "그 사람 아마 모반을 했다지?" 하고 말끝을 흐리거나 "그 사람 역적이었다지?"라고 되묻곤 한다. 하지만 어쩌다 예외인 경우도 있다. 이 지역의 역사에 관심이 있는 몇 사람은 정여립에 대해 남겨진 것은 없지만 시대를 앞서간 선각자이자 동시에 대사상가라고 평가한다.

조선의 4대 사화인 무오사화, 기묘사화, 갑자사화, 을사사
화보다 더 많은 사람이 희생된 기축옥사로 세상을 떠나게 된
정여립은 전주시 남문 밖에서 태어났다고 알려져 있다. 한글학
회에서 펴낸 《한국지명총람》에는 전주시와 완주군의 경계에
있는 완주군 상관면 색장리에서 태어났다고 실려 있으며, 그가
살았던 곳의 변천사를 다음과 같이 소개한다.

파소: 아랫대건네와 웃대건네 사이에 있는 소. 정여립의 집터
를 파서 만들었다고 함. 파소 들: 파소 북쪽에 있는 들. 파소 봉:
파소 동쪽에 있는 산. 파소 모랭이: 아랫대건네와 웃대건네 사
이에 있는 모롱이.

만경강물을 끌어들여 '파소'를 만들었던 그의 집터는 사라
지고 파소 봉만 남아 역사를 증언해주고 있다.

경사(經史)와 제자백가(諸子百家)에 통달했던 정여립은
1570년(선조 3년) 식년 문과에 을과로 급제해 이이와 성혼(成
渾, 1535~1598)의 문인이 되었고, 1583년 예조 좌랑을 거쳐 이
듬해 수찬으로 퇴관했다.

본래 서인(西人)이었던 정여립은 이이가 죽자 동인(東人)으
로 돌아섰고 이이·박순·성혼 등을 비판하여 왕이 이를 불쾌
히 여기자 벼슬을 버리고 모악산 자락 금구로 낙향했다. 고향

에서 점차 이름이 알려지자 새로운 세상을 만들기 위해 진안 죽도에 서실을 지어놓고 대동계를 조직해 신분에 제한 없이 불평객들을 모아 무술을 단련시켰다.

1587년 양명학자였던 전주부윤 남언경의 요청으로 손죽도에 침입한 왜구를 격퇴한 뒤 대동계 조직을 전국으로 확대해 황해도 안악의 변숭복, 해주의 지함두, 운봉의 중의연 등 기인 모사를 거느리고《정감록》의 참설(讖說)*을 이용하는 한편 망이흥정설(亡李興鄭說)**을 퍼뜨려 민심을 선동했다.

1589년(선조 22년), 거사를 모의하고 반군을 서울에 투입해 일거에 병권을 잡을 것을 계획했다. 이때 안악군수 이축이 이 사실을 고변하여 관련자들이 차례로 잡히자 정여립은 아들 옥남과 함께 진안 죽도로 도망쳐 숨었지만 관군의 포위 속에 잡혀 자살하고 말았다. 이 사건으로 동인에 대한 박해가 시작되어 1000여 명의 지식인이 희생되었고 기축옥사가 일어났다. 전라도를 반역향(叛逆鄕)이라 하여 호남인들의 등용을 제한한 것도 이 사건 때문이었다.

1589년 임진왜란이 일어나기 3년 전에 일어났던 정여립 모반사건, 즉 기축옥사를 두고 혹자는 조선 왕조의 정치·사회적 구조 속에서 일어날 수밖에 없었던 당연한 귀결이라고도 하

● 앞으로 일어날 일을 미리 이야기나 노래 등으로 예언한 것.
●● 이씨가 망하고 정씨가 일어난다는 설.

고 지역 내 사림 사이의 갈등과 개인적인 감정 대립의 결과라고도 한다. 또 어떤 사람들은 정여립이 당파 싸움의 희생양이지 모반사건이 아니라고도 하며 또 다른 편에서는 모반을 하기는 했는데 거사 직전에 발각되어 실패한 미완의 혁명이라고도 한다.

기축옥사가 일어났던 그때의 상황이 유성룡이 지은 《운암잡록》에는 다음과 같이 실려 있다.

처음에 임금이 그를 체포하러 가는 도사(都事)에게 밀교를 내려, 여립의 집에 간직되어 있는 편지들을 압수하여 대궐 내에 들이게 하였다. 그래서 평소 여립과 친근하게 지내며 편지를 주고받은 자는 다 연루를 면치 못하고 죄를 얻게 된 사류(士類)가 많았다.

그중에 고문을 받고 죽은 자는 전 대사간 이발, 이발의 아우 응교 이길, 이발의 형 전 별좌 이급, 병조참지 백유양, 유양의 아들 생원 백진민, 전 도사 조대중, 전 남원부사 유몽정, 전 찰방 이황종, 전 감역 최여경, 선비 윤기신, 정여립의 생질 이진길 등 이루 다 기록할 수가 없다. 그중에서도 이발과 백유양의 집안이 가장 혹독하게 화를 입었다. 연루되어 귀양 간 자는 우의정 정언신, 안동부사 김우옹, 직제학 홍종록, 지평 신식과 정숙남, 선비 정개청 등이고, 옥에 갇혀 병이 나서 죽은 자는 처사 최영경이었다. 옥사(獄事)는 덩굴처럼 얽히고 뻗어 나가 3년을 지내도 끝장이 나지 않아 죽은 자가 몇 천 명이었다.

    조선 500년 역사에서 가장 큰 사건인 기축옥사에 불세출의 시인으로 알려진 서인의 영수였던 송강 정철이 악역을 맡은 것을 아는 사람은 많지 않다. 정철은 정여립 사건 이후 정언신을 대신해 우의정이 되어 사건의 위관이 됨으로써 기축옥사에 깊이 관여했다. 평소 송강이나 배후의 구봉 송익필에게 감정을 샀던 사람들 중 3년 동안 죽고 귀양 가고 투옥된 사람들이 1000여 명에 이르렀다. 오익창이 상소문에서 "간교한 무리들이 그 기회를 타 토벌한다는 구실을 빌어 사사로운 원수를 갚으려고 온갖 날조를 다하여 평소 원한 관계에 있던 사람은 모조리 다 죽이고야 말았습니다"라고 지적한 것처럼 사람들의 목숨이 추풍낙엽처럼 우수수 떨어지던 시절이었다. 조선은 말 그대로 아수라장이었다.

    그 사건으로 인하여 이발의 광산 이씨 문중과 화순의 조대중 가문은 멸문지경에 이르고 영광·함평·무안 일대에 있던 그들의 인맥도 끊어지고 말았으니, 기축옥사의 진원지 전주·김제 일대 사람들이나 정여립과 성씨가 같았던 동래 정씨들은 말해 무엇하랴.

    정철은 정적들로부터 '동인백정(東人白丁)' '간철·독철' 등의 칭호를 얻었고, 기축옥사 당시 정철에게 원한이 깊었던 호남 사림들의 집안에서는 아낙네들이 도마에 고기를 놓고 다질 때마다 반드시 "증철이 죽어라 증철이 죽어라" 혹은 "철철철철" 하고 중얼거리는 모습을 흔하게 볼 수 있었다고 한다. 송강 정철을 미워하는 주술로, 400여 년간 대물림해온 가풍이었다.

그 뒤 오랫동안 갖가지 설만 무성하던 기축옥사를 처음 재조명한 사람은 단재 신채호였다. 그는 정여립에 대해 이렇게 언급했다.

정여립이 '충신은 두 임금을 섬기지 아니하고 열녀는 두 지아비를 바꾸지 않는다'는 유교의 윤리관을 여지없이 말살하고 '인민에게 해되는 임금은 죽이는 것도 가하고, 행의가 모자라는 지아비는 버리는 것도 가하다'고 하고 '하늘의 뜻, 사람의 마음이 이미 주실(周室)을 떠났는데 존주(尊周:주나라를 존중함)가 무엇이며, 군중과 땅이 벌써 조조(曹操)와 사마(司馬)에게로 돌아갔는데 구구하게 한구석에서 정통이 다 무엇하는 것이냐고 하여 공자·주자의 역사 필법에 반대하니, 그 제자 신여성(辛汝成) 등은 '이미 참으로 전의 성인이 아직 말하지 못한 말씀이다' 하였다.

단재는 정여립을 혁명성을 지닌 사상가로 높이 평가하고 "사색 당쟁 이후의 역사는 피차의 기록이 서로 모순되어 그 시비를 분석할 수 없어 역사의 가장 어려운 점이 된다"고 덧붙였

다. 또한《단재전집》에서도 '정죽도(여립) 선생은 민중군경(民重君經)을 주장하다가 사형을 입으니'라거나 '400여 년 전에 군신강상론(君臣綱常論)을 타파하려 한 동양의 위인'이라 하며 높이 평가했다.

그러면 정여립이 주창했던 대동사상은 무엇인가? 대동(大同)의 출전(出典)은 유가(儒家)에서 말하는 이상세계다. 대동이란 말은 대동소이 · 대동단결 · 태평성세라는 뜻을 담은 이상사

완주 정여립공원에 세워진 조형물.

회를 상징한다. 대동사회는 천하위공(天下爲公), 즉 '천하는 가문의 사물(私物)이 아니고 만민의 공물(公物)'이라는 뜻이다. 정여립이 당시의 지배 이데올로기였던 성리학을 혁파하려 했음을 알 수 있다.

'천하공물설'과 '대동사상'은 꽃을 피우기도 전에 실패로 돌아갔으나 그의 사상은 허균의 변혁사상인 호민론(豪民論, 세력 있는 백성)으로 이어졌고, 다시 정조 때의 실학자 다산 정약용의 탕무혁명론(湯武革命論)으로 이어졌다. 기축옥사 이후 호남 지역은 서북 지역처럼 차별받을 수밖에 없었고, 그러한 현상은 수많은 민란으로 이어져 마침내 근현대사의 출발점인 1894년의 동학농민혁명으로 분출되었다.

조선 500년 역사상 가장 큰 사건의 주인공인 정여립의 대동사상을 두고 오늘날에는 '세계 최초의 공화주의자'라는 평가를 내리고 있다.

영국의 군인이자 정치가였던 올리버 크롬웰(Oliver Cromwell, 1599~1658)은 현대 영국 정부를 세우는 데 큰 역할을 한 인물로 세계 최초의 공화주의자로 불리고 있다. 그는 1648년 12월 군사 쿠데타를 일으켜 의회와 국가를 장악하고, 1949년 1월 30일 영국 국왕 찰스 1세를 처형하고 왕정을 폐지한 뒤 공화정을 수립했다. 이 사건은 150년 뒤인 1789년과 1794년에 일어난 프랑스혁명의 도화선이 되었다.

민중 승리 역사를 쓴
동학농민혁명 전주성 싸움

천년고도 전주에서 오래도록 기억되어야 할 역사적 사건 중 하나가 동학농민혁명군의 전주성 입성일 것이다. '사람이 한 울이다' '사람 안에 한 울이 깃들어 있다'는 기치를 내걸고 1894년 요원의 불길처럼 일어났던 동학농민혁명군이 전라도의 수부인 전주에 무혈입성했다. 그리고 관군과의 공방전 끝에 전주화약을 맺고 오늘날 지방자치의 효시인 집강소를 설치했다.

황토현 싸움에서 대승을 거둔 동학농민군은 영광을 지나 장성의 황룡촌 싸움에서 크게 이기고 그 여세를 몰아 장성과 정읍을 잇는 갈재를 지나 삼천을 건넜다. 전주성의 서문으로 입성한 날은 4월 29일이었다.

그 무렵 전라감사 김문현은 황토현 전투의 책임을 물어 파면되고 외무협판 김학진이 후임 감사로 임명되었으나, 후임이

부임하기 전이라 전임이 이 난을 치르게 되었다. 초토사 홍계
훈이 거느린 경군은 천천히 농민군들의 뒤를 따라와 원평에 다
다랐다.

　동학농민군들은 용머리고개를 지나 하늘이 날아갈 듯한 함
성을 지르며 남문과 서문을 향해 쳐들어갔다. 봉건왕조체제에
서 그것도 왕조의 발상지인 전주에서 상상조차 할 수 없던 일
이 일어난 것이다. 김문현은 그에 앞서 정부에 전문을 쳤다.

　동학농민군들의 선두가 방금 두정에 다다랐는데 전주영으로
부터의 거리는 삼십 리며 경군의 소식은 알 길이 없으니 어찌
해야 좋을는지 모르겠다.

　같은 날 다시 전문을 쳤다.

　초토사는 지금 전주영에 있지 않고 저들의 선봉은 벌써 원평에
다다랐는데 수하에 한 명의 군사도 없으니 어찌할 바를 모르
겠다.

　김문현은 4대문을 닫고 서문 밖 민가 수천 채를 불태웠으
며, 적의 공격을 차단하도록 명령을 내렸으나 속수무책이었다.
농민군들은 물밀듯이 성 안으로 들어갔다. 호남 최대 관문이며
호남의 심장부인 전주성 함락은 조선 왕조에 치명적인 타격이

었고, 동학농민군에게는 길이 빛날 승리였다.

김문현은 사인교를 타고 동문으로 달아났다가 문이 열리지 않자 떨어진 옷과 짚신으로 바꿔 신고 피난 가는 난민들 속에 섞여 지금의 완주군 용진면으로 달아났다. 판관 민영승도 조경묘 위패와 경기전의 태조 영정을 받들고 동문으로 탈출해 위봉산성 안에 있는 위봉사 대웅전으로 몸을 숨겼다.

동학농민군이 빠른 시간에 전주성을 함락할 수 있었던 가장 큰 이유는 관변 측 기록인《양호초토담록》이 지적한 것과 같이 성 안에 농민군의 내응자가 많았기 때문이다. 또한 농민군 수뇌부가 감영을 비워놓은 경군의 중요한 작전상 실수를 놓치지 않고 그 허점을 찔렀기 때문이다. 동학농민군의 전주성 점령의 가장 큰 의의는 이 나라 역사에서 유일하게 민중이 승리한 쾌거였다는 점이다.

초토사 홍계훈은 전주성이 농민군에게 점령된 다음날 용머리고개에 도착했다. 경군은 완산, 다가산, 사직단 등 완산칠봉의 주변 산들과 골짜기를 연결해 진을 쳤고 야영을 용머리고개 남쪽 산구릉에 두었다. 공격과 방어를 주고받던 홍계훈은 농민군에게 잘못을 시인하고 물러나는 자는 죄를 묻지 않겠다는 효유문을 뿌렸다.

동학농민군은 여러 차례 싸움에서 많은 사상자를 냈고, 겁먹은 자들은 수십 명씩 성을 빠져나가 도망쳤다. 용장 김순명과 14세 소년장사 이복용도 잃고 말았다. 사흘간의 패전으로 동요가 일자 지도자 일부는 전봉준을 잡아 홍계훈에게 바치고 목숨을 빌어보자는 생각도 했다.

농민군의 동요를 눈치 챈 전봉준은 지도자 회의에서 6효점*을 쳤다. "괘에 나오기를 사흘이 지나 아무 시간에 좋은 소식이 있을 것이니 여러분은 걱정하지 말라. 이미 여러분은 나를 믿고 따랐으니 사지에 들어와서 내 말을 따라 조금만 더 참지 못하겠는가" 하며 동요를 잠시 무마시켰다.

그때 조선 땅은 청 · 일의 각축장으로 변하고 있었다. 민영준이 원세개에게 청병을 요청했고, 일본은 청의 조선 진출을 막고 일본 세력을 키우려고 조선으로 들어왔다. 이런 복잡한 상황이 농민군과 경군이 전주화약을 맺는 데 결정적 역할을 했다. 홍계훈은 전주화약의 뜻을 전봉준에게 전했고, 전봉준은 직속 참모들과 논의하여 폐정개혁안의 조목을 홍계훈에게 보냈다. 동학농민군과 관군이 체결한 12개 조항은 다음과 같다.

① 도인과 정부 사이의 쌓인 원한을 풀고, 같이 서정에 협력할 것.
② 탐관오리는 그 죄목을 조사하여 일일이 엄징할 것.
③ 횡포한 부호들은 엄징할 것.

● 거북의 등을 사용하는 점법.

④ 불량한 유림과 양반은 엄징할 것.

⑤ 노비문서는 소각할 것.

⑥ 칠반천인의 대우는 개선하고, 백정들이 머리에 쓰는 평량립을 없앨 것.

⑦ 청춘과부의 개가를 허락할 것.

⑧ 무명잡세는 일절 없앨 것.

⑨ 관리 채용에는 지벌을 타파하고 인재를 등용할 것.

⑩ 왜와 밀통한 자는 엄징할 것.

⑪ 공사채를 막론하고 기왕의 것은 무효로 할 것.

⑫ 토지는 평균으로 분작케 할 것.

홍계훈이 "귀화하는 자는 각 읍, 각 면, 각 리로 명령하여 해치지 않도록 할 것이다. 해산하여 집으로 돌아가 생업에 종사하고 새 삶을 누리도록 하라"고 선포하면서 5월 7일 역사적인 전주화약이 맺어졌다. 경군은 전주성을 수복하여 체면을 세웠고 농민군은 다음을 기약할 시간을 벌었다. 동학농민군은 호남제일성 전주성을 점령한 지 12일 만인 5월 8일 철수하여 집으로 돌아가기 시작했다. 집강소가 설치되었고, 동학농민군과 관군이 공동으로 행정을 집행하기 시작했다. 천지가 개벽한 것이다.

전봉준과 전라관찰사 김학진의 회담 광경과 집강소 설치 상황을 전주 사람 정석모는 다음과 같이 기록해놓았다.

6월에 관찰사는 전봉준을 감영으로 초청하였다. 이때 성을 지키는 군졸들은 각각 총과 창을 가지고 좌우에 정렬하였다. 전봉준은 삼베옷에 산자형(山字形)의 관을 쓰고 의젓하게 들어오는데 조금도 기탄이 없었다. 관찰사는 관민간에 서로 상화할 방책을 의논하고는 전봉준의 요구인 집강소를 각 군(郡)에 설치할 것을 허락하였다. 이에 동학교도들은 각 고을에 할거하여 집강소를 설치하고 서기(書記), 성찰(省察), 집사(執事), 동몽(童蒙) 등의 명색을 두어 완연히 한 관청을 이루고 있었다.

전라도 땅 고부에서 탐학한 관리 조병갑으로부터 비롯된 동학농민혁명은 우리나라 근현대사의 출발점으로 평가받고 있고, 전주는 동학의 역사에서 기념비적인 도시다. 슬픈 역사를 지켜본 곳이기도 하다.

동학농민혁명이 실패로 돌아간 뒤 김개남은 회문산 아래 산내면 종성리의 매부 집으로 몸을 숨겼다. 그 마을에 옛 친구 임병찬이 있었다. 아전 출신으로 그 근방의 부호였던 임병찬은 아랫마을에 있는 김개남에게 자기 마을로 올라오라고 한 뒤 전주감영에 신고했다. 전라감사 이도재는 강화 수비병의 종군이었던 황헌주와 포교들을 보냈다.

김개남이 숨어 있던 집을 포위한 관군이 "어서 나와 포승줄을 받으라"고 말하자 김개남은 측간에서 변을 보고 있다가 "내가 올 줄 알았다. 똥이나 누고 나가겠다"며 껄껄 웃었다고 한다.

그를 잡아 갈 적에 혹시 도술을 부릴지 모른다고 열 손가락 열 발가락 끝에 대꼬챙이를 박았으며, 도중에 탈취될 것을 염려하여 짚으로 감싸 전라감영으로 끌고 갔다. 그 장면을 바라본 농민들은 다음과 같은 참요를 불렀다.

"개남아, 개남아, 김개남아, 수천 군사 어디다 두고 짚둥아리에 묶여 가다니, 그게 웬 말인가."

김개남은 전주로 끌려가 전라관찰사 이도재의 즉결심판으로 전주 서교장에서 효수당해 고난에 찬 생애를 마감했다. 그 처형 상황을 황현은 이렇게 적어놓았다.

적 김개남이 형벌에 복종하여 죽음을 받았다. 심영(沁營)의 중군 황헌주(黃憲周)가 개남을 포박하여 전주에 도착하자 감사 이도재가 개남을 신문하였다. 개남은 큰소리로 "우리들이 한 일은 모두 대원군의 은밀한 지시에 의한 것이다. 지금 일이 실패한 것은 또한 하늘의 뜻일 뿐인데 어찌 국문한다고 야단이냐."고 하였다. 도재는 마침내 난을 불러오게 될까 두려워 감히 묶어서 서울로 보내지 못하고 즉시 목을 베어 죽이고 배를 갈라 내장을 끄집어냈는데 큰 동이에 가득하여 보통 사람보다 훨씬 크고 많았다. 그에게 원한을 가지고 있는 사람들이 다투어 내장을 씹었고 그의 고기를 나누어 제사를 지냈으며 그의 머리는 상자에 넣어서 대궐로 보냈다.

남조선을 열어젖히겠다며 김기범이라는 이름을 김개남으로 바꾸었던 그의 큰 뜻은 꽃피우지도 못하고 꺾이고 말았다. 김개남을 밀고한 임병찬은 훗날 면암 최익현과 더불어 의병 활동을 시작했고 대마도까지 동행한다.

30만~50만 명이 희생된 동학농민혁명은 오랫동안 동학란으로 불리다가 2018년 국가의 인정을 받아 5월 11일을 법정기념일인 '황토현전승일'로 제정했다.

전라도 사람들이 의롭지 않은 일을 하는 사람을 보았을 때 하는 말이 있다. "내가 모래밭에 쎄(혀)를 박고 죽을지언정 그렇게는 안 살겠다." 불의를 보고 못 참는 전라도 사람들의 정신이 정여립의 '기축옥사'와 '동학농민혁명'으로 분출된 것이다. 역사는 이렇듯 수많은 사람들의 희생 위에서 한 걸음 한 걸음 진일보해왔다.

건지산은 왜
전주 진산이 되었을까?

아름다운 도심 숲이 조성된 건지산은 전주의 진산이면서 전주 이씨의 조상 묘인 '조경단'이 자리 잡고 있는 곳이다. 숲이 울창하여 전주 사람들의 휴식공간으로도 중요한 역할을 하고 있다.

《신증동국여지승람》'산천' 조에 '건지산은 전주부의 북쪽 6리에 있으며, 진산(鎭山)'이라고 실려 있는데, 진산이란 도읍지나 각 고을에서 그곳을 진호(鎭護)하는 주산(主山)으로 정하여 제사를 지내던 산을 말한다. 서울에 도읍을 정한 조선시대에는 동쪽의 금강산, 남쪽의 지리산, 서쪽의 묘향산, 북쪽의 백두산, 그리고 나라 중심에 있는 삼각산이라고 부르는 북한산을 오악(五嶽)이라고 하여 주산으로 삼았다.

고려시대의 천재 문장가인 이규보의 〈기(記)〉에서도 '전주에 건지산이 있는데 수목이 울창하여 주의 웅진'이라고 했으며 《대동지지(大東地志)》에도 그와 비슷한 말이 나와 있다.

 그러나 건지산은 전주와 같은 고도(古都)의 진산으로 보기
에는 너무 작고 전주부성에서도 멀리 떨어져 있다. 지역 원로
들이나 풍수지리학자 최창조 씨는 조선 왕조의 개창자인 전주
이씨들의 조상 묘가 건지산에 있으므로 그것을 합리화하기 위
해 기린봉에서 건지산으로 진산을 옮기지 않았겠느냐 추정하
고 있다. 영조 때 편찬한《여지도서》에는 건지산에 대해 다음
과 같이 실려 있다.

 민간에 전하는 말에 따르면, 전주 이씨의 시조인 사공공 이한
 의 무덤이 이곳에 있었다고 한다. 영조 때 흙을 파내 그 묘역을
 조사하게 하였는데 소득이 없었다. 마침내 부근에 있는 백성의
 무덤을 파내고 감관과 산지기를 두었으며, 표지를 세워 나무나
 풀을 베지 못하도록 했다. 감사와 수령들이 각별히 삼가며 수
 호하여 받들어 모시는 예를 다하도록 했다고 한다.

 매천 황현이 지은《매천야록》에는 이 내용이 더 세밀하게
기록되어 있다.

 전주 건지산에 조경단을 축조했다. 임금이 재위에 오르게 된
 것은 조종의 발복이라 생각하고 지사를 파견하여 각처의 능을
 봉심하도록 하였다. 지사는 모두 여기가 아니라고 하더니, 건
 지산에 이르러 두 번 절하며 말하기를 "여기가 천자를 낸 자리

이다" 하며 임금에게 권하여 추원의 도리를 다하도록 하였다.

건지산은 전주부의 북쪽 십 리쯤 되는 곳에 있는데, 구전에 태조 이상의 의총(義冢)이 있다고 하던 곳이다. 국초부터 경계를 정해 출입을 금지하여 보호해왔는데 세월이 흐름에 따라 법이 해이해져 몰래 쓴 무덤들이 여기저기 널려 있었다. 이때에 이르러 모두 파내고 의총에 봉분을 더 쌓고 시조인 신라 사공(司公)의 묘라 간주하였다.

이 역사가 크게 벌어져 원망의 소리가 길에 가득하였다. 지사는 함경도 사람으로 주씨 성을 가진 자였는데, 몰래 위조한 참서를 파묻어 놓았다가 그것이 드러나자, 황제를 칭한 이후 국운이 300년까지 이어진다고 말했다. 임금은 크게 기뻐하여

도심 숲이 조성된 건지산에는 조경단이 자리 잡고 있다.

마침내 그만둘 수가 없게 되었다. 경관으로는 이호익과 삼상황이 와서 감독하였으며, 본도에서는 관찰사 이완용이 관장하였다. 그러나 재원이 부족함을 걱정하여 김창석과 정귀조를 별감동으로 임명하여 비용을 대도록 하였다. 이 두 사람은 전주의 거부였다.

또한 삼척의 노동과 동산의 의총에도 단을 쌓도록 하되, 모두 건지산의 예에 따랐다. 이중하를 파견하여 감독하도록 하였는데, 노동의 묘는 '준경단(濬慶壇)', 동산의 묘는 '영경단(永慶壇)'이라 일컬었다.

전북대학교와 덕진공원 근처, 건진산의 끝자락에 자리 잡은 조경단은 울창한 숲에 둘러싸인 채 전주를 관향으로 삼아 건국한 조선이라는 나라를 증언해주고 있다.

전주에서 가장 오래된 길
보광재

가끔은 사람들 속에서 벗어나고 싶을 때가 있다. 혼자서 아무런 생각 없이 자연 속에 머물고 싶을 때. 현대인의 분신 같은 휴대폰을 쓸모없는 물건으로 만들어 그 꿈을 실현해주는 곳이 있다. 깊은 산속도 아니고 망망대해도 아닌, 전주시 흑석골에서 완주군 구이면 평촌리로 넘어가는 보광재 옛길이 바로 그곳이다. 보광재는 전주에서 가장 오래된 고갯길이다. 고려 말의 문장가인 이규보와 이인로, 가정 이곡 등 수많은 역사 인물들이 걸어갔던 이 길은 지금도 그때와 다름없이 깊고 깊은 산중처럼 숲이 울창하고도 아스라하다.

보광재라는 이름은 보광사라는 큰 절에서 비롯되었다.《여지도서》에는 보광사에 대해 '보광사 관아의 동남쪽 10리 고덕산에 있었는데 지금은 못 쓰게 되었다'고 기록했다. 한때는 금산사보다 규모가 컸다는 이 절을 두고 이색의 아버지인 가정 이곡은 서거정이 편찬한《동문선》에 〈중흥대화엄보광사기(重

興大華嚴普光寺記)〉라는 글을 다음과 같이 썼다.

절의 완공을 알리기 위해 중향 스님은 보광사 절에서 목소리를 높여 불경을 크게 암송을 하게 된다. 이를 알게 된 신도들은 불전에 재물을 내놓으니 전부 합한 것이 일천에 달하는 사람이 2500명이요, 황금 물로 칠을 해서 불상을 새롭게 한 것이 15근이고, 백금으로 그 기명을 장서한 것이 39근이요, 무릇 지은 건물이 100여 간이었다.

정축년 봄에 시작하여 계미년 겨울에 준공되었는데 그 달에 산인참숙 등과 함께 단월과 인연 있는 사람들을 널리 청하여 화엄법회를 크게 열어 낙성식을 하였으니, 모인 대중이 3000명이요, 날 수로는 50일이었다.

《한국지명총람》에 '죽은 소를 닮았다'고 소개한 흑석골에서 시작해 보광재 가는 길을 걸었다. 이 흑석골에서 많이 생산되었던 '전주 한지'는 조선시대 교지와 과거지, 외교 문서 등으로 쓰인 종이계의 최고봉이었다. 조선 후기에는 전북 지역에서 출판된 완판본의 원자재로 이름을 날렸다. 이곳이 예로부터 '한지골'로 불렸을 만큼 전주 한지의 대표적 생산지가 될 수 있었던 것은 흑석골 계곡에서 흘러나오는 물이 풍부했기 때문이다. 이 일대에 전통 한지 공장이 30여 곳 넘게 있었고 전국적으로 명성을 날렸다. 하지만 1990년대부터 값싼 중국 선지가

60

들어오면서 급속도로 사양길로 접어들었다.

잊혀지다시피한 전주의 전통 한지가 올해부터 흑석골에서 다시 생산되기 시작했다. 전주 한지의 원형을 보존하고 한지의 세계화를 이끌기 위한 생산시설인 '전주천년한지관'이 개관하면서다. 오랜 인류의 역사 속에서 변하지 않는 것, 그것은 바로 모든 만물이 변한다는 사실이다. 만물이 가고 오는 우주의 이치 속에서 변하고 또 변하는 사물의 모습처럼 흑석골은 새로운 변화의 물결에 접어든 것이다.

푸르던 녹음이 점차 사위어가는 길, 물봉선 꽃이 무리를 지어 피었다. 졸졸 흐르는 시냇물 소리에 행여 가재가 있을까 싶어 돌멩이를 들췄지만 보이지 않았다. 돌 하나만 들춰도 전라도 말로 '오개오개' 또는 '고물고물' 모여 있기도 하고 느닷없는 불청객에 놀라 잰걸음으로 도망치기도 하던 그 많던 가재는 어디로 갔을까?

울창한 숲을 헤치며 서서히 오르다 보니 작은 샘이 보인다. 물 한 모금 마시고 올라가자 금세 보광재에 닿는다. 불과 몇십 년 전만 해도 보부상들이 임실에서 전주로 장 보러 넘나들던 길, 평촌 사람들이 땔나무를 팔기 위해 넘었던 길, 중고등학생들이 전주에 있는 학교로 오가던 길이다. 길은 변함없는데 걷는 사람만 달라졌다.

보광재에 오르면 마치 양평의 구둔재나 장성에서 정읍으로 넘어가는 갈재처럼 V자로 움푹 패여 있어 초심자가 보아도 오래된 옛길임을 알 수 있다. 얼마나 많은 사람이 넘어갔으면 저렇게 길이 세월이 되고 역사가 되었을까? 보광정에서 바라보면 내가 걸어온 길이 아득하고 그 너머로 전주라는 도시가 그림처럼 펼쳐져 있다.

그렇다. 역사 속 인물들의 발자취가 남아 있는 옛길을 걷다 보면 사라져가는 것과 현존하는 것 사이의 비애(悲哀)와 경이(驚異)를 동시에 느끼게 된다. 보광재가 바로 그런 길이다.

전주에서 가장 오래된 고갯
길인 보광재.

전주 02

공간 속으로

전주의 얼굴, 이성계의 얼굴
한옥마을과 경기전

풍남동과 교동 일대에 자리 잡은 전주 한옥마을은 일제강점기 조선 사람들이 일본 상인들에 대항해 조성한 한옥촌으로 서울의 북촌, 가회동과 함께 온전하게 보존된 한옥지구다. 초창기에는 800여 채의 한옥이 밀집해 있었지만 한옥마을이 전주를 대표하는 관광지로 유명해지면서 일부는 정리되고 600여 채가 남아 고풍스런 아름다움을 연출하고 있다.

이곳에는 대전 동춘당이나 안동 임청각, 하회마을 충효당 같은 보물이나 중요 민속자료는 없지만 전주에서만 볼 수 있는 아름다운 한옥들이 여러 채 있다. 그중 한 곳이 전라북도 민속문화재 제8호인 '학인당'이다. 기묘사화로 화를 입은 정암 조광조의 제자 백인걸의 11세손인 백낙중이 1905년부터 2년 8개월 동안 지은 아흔아홉 칸의 거대한 고택이다. '인재'라는 자신의 호를 따 이름을 지었다. 현재는 학인당과 부속 건물 6채

만 남아 숙박시설로 사용되고 있지만 드라마 〈미스터 선샤인〉의 촬영지로 보여준 모습처럼 조선 후기 전통 상류층 주택의 품위를 그대로 간직하고 있다.

학인당은 전주라는 지역사회와 역사를 함께해온 점에서 더 가치가 높다. 일본이 우리나라를 강점한 뒤 예산 부족 등의 이유로 전주대사습놀이를 방치해 명맥이 끊어질 위기에 놓이자 백낙중은 학인당의 대청마루와 방을 공연장으로 내주어 전통을 이어가게 했다. 해방 이후에는 주요 인사들이 묵어 가는 영빈관 역할을 했다. 백범 김구 선생이 초대 대통령 선거유세 기간 동안 전주에 내려왔을 때 백낙중은 자신이 기거하던 안채를 기꺼이 내줬고, 1950년대 말에는 해공 신익희 선생이 머물다 가기도 했다.

전주 한옥마을이 전국적으로 알려지자 일 년에 1000만 명의 관광객이 모여드는 명소로 거듭났고, 그 틈새를 비집고 유행한 것이 남녀노소 한복을 빌려 입고 한옥마을을 답사하며 사진 찍는 풍경이다. 현장체험 온 학생들까지 단체로 한복을 입다 보니, 한옥마을을 걷다 보면 문득 조선시대로 여행을 온 것 같은 느낌이 들 때도 있다. 전주시는 한옥마을을 가로지르는 도롯가에 인공 시내를 만들고 사시사철 물이 흘러가도록 해 도심 속에서 자연을 느낄 수 있게 했다.

전주 한옥마을의 여름과 겨울.

경기전의 정전은 조선 왕조를 개국한 태조 이성계의 어진을 봉안한 곳이다.

태조 어진은 1442년 그린 것을 1872년에 고쳐 그렸다.

하늘 향해 치솟은 은행나무에서 노란 낙엽이 떨어질 때의 전주향교 모습은 환상적이다.

전주향교는 제향 공간인 대성전을
앞쪽에, 강학 공간인 명륜당을 뒤쪽
에 둔 전묘후학의 배치를 따랐다.

비잔틴 양식과 로마네스크 양식을 혼합해 지은 전동성당은 우리나라에서 가장 아름다운 성당 중 한 곳으로 꼽힌다.

전동성당의 일부 벽돌은 일본 통감부가 전주읍성을 헐면서 나온 흙을 구워 만들고,
풍남문 인근 성벽에서 나온 돌로 주춧돌을 삼았다.

벼랑 끝에 서서 전주천에 피어오르는 물안개를 바라보고 있는 한벽당.

전주부성에서 가장 큰 장이 섰던 남문 일대 사람들이 드나들던 풍남문은 1978년부터 3년에 걸친 보수공사 끝에
지금의 모습을 갖게 되었다.

덕진공원 연못은 여름이면 절반이
연꽃으로 뒤덮이며 장관을 연출해
전주팔경의 하나로 손꼽힌다.

한옥마을에는 경기전(어진박물관)과 김치문화관, 소리문화관, 부채문화관, 완판본문화관, 전주전통술박물관, 최명희문학관 등 문화유적과 시설이 집결되어 있다. 한벽당과 전주향교, 오목대 이목대, 전동성당 등도 한옥마을 안에 있는 전주의 명소들이다. 한옥마을은 전주의 얼굴이며 상징이고 전주 여행의 출발점인 셈이다.

경기전(사적 제339호)은 조선을 건국한 태조 이성계의 어진(보물 제931호)을 모신 곳이다. 당시 26폭의 태조 어진이 있었다는데 1410년(태종 10년) 전주, 경주, 평양 세 곳에 어용전이라는 이름의 건물을 세우고 그 안에 어진을 모셨다. 1442년(세종 24년)에는 그 이름을 전주는 경기전, 경주는 집경전, 평양은 영숭전으로 바꾸었는데, 경기전은 1597년(선조 30년) 정유재란 때 소실되었다가 1614년(광해군 6년) 11월에 중건되었다. 1872년에는 태조 어진을 새로 모사해 봉안하면서 크게 보수했다.

울창한 대나무길과 잘 가꾸어진 정원이 사계절 멋진 경기전 입구에 도착하면 맨 처음 만나는 구조물이 하마비다. 앞면에는 '여기에 이르렀거든 누구든 말에서 내리라. 잡인들의 출입을 금한다'라고 적혀 있으며, 뒷면에는 1614년에 세웠다는 내용이 새겨져 있다.

홍살문과 외삼문, 내삼문을 지나면 정전(보물 제1578호)이다. 현재 이곳에 모셔져 있는 태조 어진은 1442년에 그린 것으로 임진왜란 이후 정읍 내장산 용굴암, 충청도 아산현, 강화도, 정주 등지로 피신길에 올랐다가 1614년 경기전이 중건되면서 다시 돌아왔다. 1894년 동학농민혁명 때는 위봉산성의 행재소로 피난을 다녀왔다.

이밖에도 경기전에는 조선 왕조 실록각, 전주 이씨의 시조인 이한을 모신 조경묘, 세조의 아들인 예종대왕의 태실(전라북도 민속문화재 제26호) 등이 있으므로 경내를 둘러보며 잠시 역사 속으로 빠져볼 수 있다.

전주에 살면서 몇 가지 의미 있는 일을 했는데 그중 한 가지가 초등학교 수학여행을 경기전에서 모티브를 얻은 현장 체험학습으로 바꾼 것이다.

1997년 5월 강원도의 춘천초등학교 교사에게서 연락이 왔다. 6학년 학생들을 데리고 전라도로 수학여행을 오겠다는 것이다. 수학여행 장소를 경주나 부여 또는 제주도가 아닌 전라도로 선택한 의도가 무엇일까 생각하면서 미륵사지나 금산사 일대를 원할 것이라고 지레 짐작했는데 그게 아니었다. 우리나라 최초의 수리시설인 벽골제를 시작으로 동학농민혁명의 현장과 변산반도의 아름다운 풍광, 그리고 선운산 일대의 문화유산을 답사한 뒤 강진·해남으로 넘어가는 2박 3일 일정이었다.

1980년대부터 일기 시작한 우리 것 바로 알기 운동이 나름

조선 왕조의 실록을 보관하던 사고인 경기전 실록각.

경기전 입구 길가에 서 있는 하마비.

경기전에는 세조의 아들인 예종대왕 태실도 있다.

의 성과를 거두면서 전국의 단체나 학생들이 역사 속에 소외받
았지만 문화적으로 풍성했던 전라도 지역의 현장 답사에 나서
기 시작했다. 그러나 이번처럼 새로운 프로그램으로 수학여행
을 온 경우는 없었다.

집에 가서 아이들에게 물었다. "수학여행을 가면 누군가 설
명해주는 사람이 있느냐?" "아니요, 화엄사에 도착하면 선생
님들이 빨리 화엄사를 보고 몇 시까지 와라, 그뿐이에요." 우리
아이들만 그런 것이 아니었다. 해남 대흥사에 갔을 때 한 무리
의 고등학생들이 도착해 우르르 쏟아져 나왔다. 지도교사는 피
켓을 들고 "애들아, 몇 시까지 나와라" 하고서 학생들만 들여
보냈다.

수학여행을 우리의 역사와 문화를 찾는 프로그램으로 만들
어 진행하는 것이 바람직하겠다는 생각이 들어 전라북도 교육
감에게 면담 신청을 했다. 백제 기행, 판소리 기행, 동학농민혁
명 전적지 기행, 서해안의 갯벌탐사와 환경 기행, 진안 매잡이
기행, 정여립·전봉준·강증산 등 전북 지역의 역사인물 기행
등 전라북도 지역에서만 가능한 프로그램을 20여 가지 만들었
고, 학교에서 요청이 들어오면 프로그램을 진행해준다는 목표
를 세웠다.

며칠 뒤 당시 교육감이던 문용주 교육감을 만났다. 처음엔
긴가민가하면서 내 말을 듣기만 했다. "며칠 뒤 연락을 주겠노

라"고 했지만 서로가 확신은 없었다. 그런데 며칠 뒤 문 교육
감이 직접 전화를 걸어왔다. "선생님, 전라북도 교육청과 한 번
해봅시다."

남원여고와 전주여고 학생들을 대상으로 당시 절찬리에 방
영되었던 TV 드라마 〈용의 눈물〉 제작 현장인 경기전과 전주
객사, 그리고 풍남문 일대를 걸으며 답사하는 프로그램을 만

도심에서 역사와 자연을 함
께 느낄 수 있는 전주 한옥마
을은 전주의 얼굴이며 전주
여행의 출발점이다.

백낙중의 아흔아홉 칸 고택
인 학인당은 지역사회와 역
사를 함께해온 점에서 가치
가 더 크다.

들어 언론을 통해 알렸다. 6개월 정도 진행하다 보니 교육부에서 '수학여행'이라는 이름으로 실시하던 문화답사를 테마가 있는 '현장 체험학습'으로 대체하여 전국적으로 시행하라는 지시를 내렸다. 전라북도 교육청은 교육부에서 시행하는 교육청 평가에서 3년간 1등을 차지했고, 필자는 전북 교육청에서 특채하겠다는 요청을 받았다. 물론 거절했고, 경기전의 추억으로만 남았다.

'항상 꿈을 꾸게나. 꿈은 공짜라네.' 프랑스 철학자이자 알베르 카뮈의 스승인 장 그르니에의 말을 곧이곧대로 실천했기 때문에 가능한 일이었다. '역사의 흐름을 바꿀 만큼 위대한 사람은 거의 없지만 누구나 주변에서 일어나는 사소한 일들을 바꿀 수는 있다. 인간의 역사는 사소한 일들을 바꾸는 수없이 많은 용기와 믿음에 의해 이루어져 간다.' 로버트 케네디의 말은 참으로 지당한 말이 아닌가.

이성계의 자취가 남아 있는
오목대

향교에서 풍락헌 또는 음순당이라고 불리던 전주동헌을 지나 눈 아래 펼쳐진 한옥들을 내려다보며 나지막한 산길을 거닐다 보면 오목대에 이른다. 일찍부터 전주의 명소로 알려진 오목대(전라북도기념물 제16호)에는 조선을 건국한 이성계의 일화가 전해져 온다. 1380년(우왕 6년) 삼도순찰사 이성계가 종사관 정몽주와 함께 참전하여 운봉의 황산에서 아지발도가 이끄는 왜군과 격전을 벌였다. 그때 황산전투의 상황이《용비어천가》에 다음과 같이 실려 있다.

왜구의 장수 아지발도는 불과 15~16세밖에 되지 않은 미소년인데 그의 용맹됨을 따를 자가 없었고 그 전술 또한 신출귀몰해서 그 앞에서는 감히 대적할 수조차 없었다. 그의 용맹을 알았던 이성계는 그를 사로잡고자 그의 부하 이두란에게 생포하도록 명을 내렸다. 그러나 이두란이 만약 아지발도를 죽이지 아니하면 도리어 해를 입을 것이라고 말하자 "그렇다면 내가 먼저 활을 쏘아서 그의 투구 끈을 벗길 것이니 곧바로 그를 쏘아라" 하고서 그대로 말을 달려 활을 쏘자 아지발도의 투구 끈이 벗겨지고 이어서 쏜 화살이 아지발도의 목에 명중했다는 것이다.

아지발도를 쓰러뜨린 후 여세를 몰아 함성을 지르며 적을 향해 공격하니 말을 버리고 산으로 도망치는 자가 끝이 없었고 헤아릴 수 없는 적의 시체가 산을 이루었다. 그때 왜구가 버린 말들이 1600여 필이고, 지리산 방면으로 살아서 도망친 자는 겨우 70여 명에 이르렀다. 당시 왜구들이 흘린 피가 바위에 스며들어서 피바우라는 이름으로 남아 있고, 인월이라는 지명은 이성계가 달빛을 끌어들여 웅달진 곳에 아군을 포진시켜 적을 대패시켰다는 뜻에서 지어진 이름이다.

황산전투에서 역사에 길이 남을 승리를 거둔 이성계가 귀경하는 도중에 선대들의 고향인 이곳 오목대에서 전주 이씨들을 초청하여 승전 잔치를 베풀면서 '대풍가'를 불렀다.

이성계가 이곳 오목대에서 승전 잔치를 베풀면서 새로운 나라를 열고자 하는 대야망을 품었다고 말하는 사람들도 있지만 역사는 우연과 필연이 교차하면서 이루어지는 것이라 확언할 수는 없다. 하지만 황산전투가 이성계 인생의 한 분기점이었던 것만큼은 분명하다.

그 뒤 조선 왕조를 개국한 태조 이성계는 이곳에 정자를 짓고 이름을 오목대(梧木臺)라고 하였는데, 주변에 오동나무가 많았기 때문에 언덕 이름을 그렇게 지었다는 설이 있다. 《여지도서》 '전주' 편에 '발산 아래에 오목대가 평평하게 펼쳐 있다'고 기록되어 있다.

경기전에서 남동쪽으로 500미터쯤 떨어진 자그마한 동산에 서 있는 오목대는 한옥마을이 가장 잘 조망되는 곳이다. 동쪽에 우뚝 서 있는 승암산에서 오목대까지 산이 이어져 있었지만 일제시대에 익산에서 여수까지 이어지는 전라선 철도가 부설되면서 맥이 끊겼다. 오목대에서 육교를 건너면 이성계의

황산전투에서 승리한 이성계가 승전 잔치를 베풀었다는 오목대.

4대조인 이안사가 살았던 이목대가 있다. 오목대 서쪽에 1900
년(고종 37년) 고종이 친필로 쓴 '태조고황제주필유지(太祖高皇
帝駐畢遺址)'가 새겨진 비가 세워져 있고, 이목대에도 고종의 친
필로 '목조대왕구거유지(穆祖大王舊居遺址)'라 쓴 비가 있다.

　봄이면 벚꽃, 여름부터 가을까지는 배롱나무 꽃, 가을에는
단풍이 아름다운 오목대에서 어느 쪽으로 내려다보거나 고풍
스러운 한옥이 그림처럼 펼쳐지는데, 바로 전주 한옥마을의 풍
경이다.

전주천변의 아름다운 정자
한벽당

    이른 아침, 한벽당(寒碧堂)에 올라본 사람은 알 것이다. 그
윽한 아름다움이라는 것이 무엇인지를. 전주천에 물안개가 피
어오르고, 흐르는 물소리와 지저귀는 새소리 너머로는 강 건너
남고산성이 보인다. 내가 나인가 자연이 나인가, 내가 나에게
자연이 나에게 묻는 시간. 아침 정자는 그런 곳이다.

    완주군 상관면 용암리 슬치재에서 비롯된 전주천은 고덕산
자락을 지나 색장동에서 전주시에 이른다. 전주천이 중바우 아
래를 지나며 휘돌아가는 벼랑에 한벽당(전라북도 유형문화재 제
15호)이 자리 잡고 있다. 규모가 크지는 않지만 남원 광한루, 무
주 한풍루와 함께 삼한(三寒)으로 꼽히는 이 정자는 이름의 '찰
한(寒)'에 '물이 너무 깊어 차가운 기운이 넘치는 곳'이라는 의
미가 담겨 있다. 예로부터 '한벽청연(寒碧晴讌)'이라 하여 완산
팔경의 하나로 손꼽혔는데,《여지도서》에 실린 글을 보자.

관아의 남쪽 5리 성황산 서쪽 기슭에 있다. 깎아지른 듯이 서 있는 돌벼랑이 마치 떨어질 듯이 굽어보고 있으며, 대 아래에는 냇물이 흐른다. 고 참의 최담이 돌 모퉁이를 깎아내고 정자를 지었다.

조선 태종 때 사람인 월당 최담은 직제학으로 있다가 벼슬에서 물러나 낙향했다. 두 아들인 연촌과 덕지도 아버지를 따라 이곳으로 왔다. 세 부자가 강호에서 지내자 사람들은 한나라 때 사람으로 높은 벼슬을 하다가 "벼슬이 높고 이름을 떨치면 후회할 일이 있을까 한다"며 낙향했던 삼촌 소광과 소수에 비유했다.

최담이 지은 이 정자의 처음 이름은 '월당루(月塘樓)'였다. 깎아 세운 듯한 암벽과 누정 밑을 흐르는 물을 '벽옥한류(碧玉寒流)'라고 묘사했는데, 훗날 그 글로 인하여 한벽당이라고 바꾸었다. 1683년(숙종 9년)과 1733년(영조 9년)에 중수되었고 현재의 건물은 1828년(순조 28년)에 완성되었다. 불규칙한 암반에 맞추어 높낮이가 다른 돌기둥으로 전면 기둥을 세우고, 뒤쪽은 마루 밑까지 축대를 쌓아 누각을 조성했다.

정자가 완공되자 고산 윤선도, 다산 정약용, 초의선사, 면암 최익현 등의 유명인사들이 시와 중수기로 찬양했다. 최담의 15세 손인 최전구가 면암 최익현에게 부탁해 받은 〈한벽당 중수기〉에는 정자 일대의 풍경이 자세히 묘사되어 있다. 1897년 이곳을 찾았던 최익현은 나아갈 때와 물러날 때를 알았던 최담의 행적을 더도 덜도 아니게 정확하게 표현하면서 지식인의 처세를 간파했다.

지금 전주부 향교에서 동쪽으로 가면 속탄 뒤에 숲이 우거져 상쾌한 곳이 있는데, 여기에 한벽당이라는 당이 있다. 이곳은 월담공이 평소에 거처하던 곳으로, 당의 서북쪽에 참의정이라는 우물이 있다. (…) 주자의 시에 '깎아 세운 푸른 모서리(削成蒼石稜), 찬 못에 비쳐 푸르도다(倒影寒潭碧)' 라는 시구가 있으니, 한벽당이라고 이름 지은 것은 혹 여기에서 따온 것이 아닌가 한다.

한벽당은 남원 광한루, 무주 한풍루와 함께 삼한(三寒)으로 꼽히는 정자다.

　　한벽당은 정면 3칸, 측면 2칸의 팔작집으로 삼면이 개방되어 있고, 마루 주위에는 머름과 계자난간이 둘려져 있다. 정자 난간에서 보면 전주천이 휘돌아가는 모습이 한눈에 들어오고, 강 건너 남고산성이 눈 안에 가득 차며, 한벽당의 바로 동쪽에는 요월대(邀月臺)라는 작은 정자가 마치 하나의 건물인 듯 서 있다.

　　호남의 제일 도회지로다,
　　이 고을에서 가장 큰 고을이라.
　　정자가 있는 곳은 장관을 이루고,
　　자연은 그윽한 향기를 머금었구나.
　　낮에 배를 띄워 저 달을 맞이하니,
　　난간에 내리는 비는 가을을 보내는구나.

　　이곳을 오가는 사람들은 이경여의 시 속에 남아 있는 한벽당에 세월을 덧붙이고 있다.

보여주고픈 가을 풍경
전주향교

'조선의 가을 하늘을 세모 네모로 접어 편지에 넣어 보내고 싶다.'《대지》의 작가 펄벅이 조선의 가을을 예찬한 글이다. 전주에서 푸른 가을 하늘 아래 펼쳐진 풍경이 가장 아름다운 정취를 자아내는 곳은 어느 곳일까? 누구나 이구동성으로 전주향교를 손꼽을 것이다. 대성전과 명륜당 앞에 노란 은행나무가 우뚝우뚝 서 있다. '나무는 별에 가 닿고자 하는 대지의 꿈'이라고 노래한 반 고흐의 말을 상기시키듯 하늘을 향해 치솟은 노란 은행나무가 한잎 두잎 또는 우수수 떨어질 때의 모습, 그리고 노란 나비들이 춤을 추듯 덮인 모습은 가히 환상적이다.

우리나라의 군현이 있었던 곳에는 향교가 있었기 때문에 교동, 교촌동 또는 향교동이라고 부른다. 전주시 완산구 교동에 자리 잡은 전주향교는 고려 말에 창건되었다고 전하는데 그 당시 위치는 현재의 경기전 근처였다.

1410년(태종 10년) 태조 이성계의 영정을 봉안하기 위해 경기전을 세우면서 향교에서 들리는 글 읽는 소리가 시끄럽다는 말이 나자 전주성 서쪽에 있는 화산동으로 이전했다. 그 뒤 1603년(선조 36년)에 현재의 위치로 다시 옮겼다. 향교가 전주부성과 너무 떨어져 있고 객사를 기준으로 왼쪽에 문묘, 오른쪽에 사직단을 두도록 한 좌사우묘(左社右廟) 제도에 어긋난다 하여 순찰사 장만과 유림들이 힘을 합친 결과였다. 전주부사를 지낸 양극산이 남긴《전주향교》기문을 보자.

완산은 탕목읍과 같은 고을이기 때문에 일반 고을에 견줄 곳이 아니다. 그래서 완산에서 배향하는 숫자를 한결같이 성균관처럼 하였다. 대성전에는 다섯 분의 성인을 받들어 모시고 공자 제자 열 분의 위패를 곁에 모시고 있다. 대성전 앞의 동무와 서무에는 우리나라 여러 현인들의 위패가 차례대로 줄을 지어 있다.

전주시 교동 한옥보존지구와 인접한 전주향교는 제향 공간인 대성전이 앞쪽에 있고, 대성전 앞뜰 좌우가 동무와 서무로 구성되어 있다. 강학 공간인 명륜당과 동서재를 뒤쪽에 두어 전묘후학의 배치를 따랐다.

홍살문과 하마비를 지나면서 전개되는 향교는 정면 3칸에 측면 2칸의 중층 팔작지붕 건물인 만화루를 들어서며 시작된다. 나주향교와 마찬가지로 일월문, 대성전, 명륜당이 하나의 중심축을 이루고 계성사가 서북쪽 뒤에 위치한다. 대성전은 정면 3칸, 측면 3칸 규모의 맞배지붕 건물로 1653년(효종 4년)에 고쳐 세웠다. 그 뒤 1907년 군수 이중익이 중수해 오늘에 이르고 있다.

강학 공간은 대성전 서북쪽 뒤에 낸 일각문을 통해 출입할 수도 있고, 향교 좌측의 골목길을 지나 입덕문을 통해 출입할 수도 있다. 유생들이 공부하던 명륜당은 1904년에 군수 권직상이 고쳐 세운 건물로 정면 5칸, 측면 3칸 규모다. 명륜당의 좌우측 뜰에는 유생들의 기숙사였던 동재와 서재가 서로 마주보며 서 있다. 그 앞에는 400여 년 동안 이 향교를 지켜보았던

전주향교의 강학 공간인 명륜당.

은행나무가 한 그루씩 서 있고, 서재의 북쪽 뒤로는 9600여 목
판이 소장된 장판각이 있다. 5성위(聖位), 즉 공자 · 안자 · 증자 ·
자사 · 맹자의 아버지 위패를 모신 사당인 계성사는 주위를 담
으로 둘러 별도 영역으로 구성했다. 원래 명륜당 동쪽에 있던
계성사를 이쪽으로 옮긴 이유는 1929년 전라선 철길이 이곳
을 지났기 때문이다.

조선의 정치가이자 문장가인 서거정은 전주향교와 전주를
두고 다음과 같은 글을 남겼다.

삼가 생각하건대 우리나라는 유학을 숭상하고 도를 중시하며
학교를 세우고 스승을 세우니, 비록 궁벽한 고을이라도 다 그
러하거늘, 하물며 전주는 우리 조종의 고향 땅이며 남국의 인
재가 모인 듯한 곳인데 더 말할 것이 있으랴. 그러니 교육을 제
일로 삼는 데다 고을의 자제들이 또 문헌세가들이 많으니, 선
을 좋아하고 학문을 좋아하므로 일향의 교화가 잘되고, 많은
인재가 그중에서 배출되는 곳이다.

순교자의 믿음 위에 세워진

전동성당

우리나라에서 가장 아름다운 성당 중 한 곳으로 꼽히는 전동성당은 한옥마을 초입에 자리 잡아 오가는 관광객들과 천주교 신자들의 발길이 끊이지 않는다. 천주교 전주교구 전동성당(사적 제288호)은 1791년 신해박해 당시 윤지충 바오로와 권상연 야고보가 순교했던 터를 1891년(고종 28년)에 보드네 신부가 성당 대지로 매입하면서 역사가 시작되었다. 1908년 프와넬 신부의 설계로 착공하고 1914년 준공했다.

다산 정약용의 외사촌인 윤지충은 1787년 다산의 형인 정약전에게서 교리를 배워 입교했다. 1789년 중국 베이징에서 견진성사를 받고 돌아온 뒤 천주교 박해가 심해지자 시골집에 숨어 신앙을 지키던 중 1791년 어머니 권씨가 별세하자 교리에 따라 신주를 불사르고 제사를 지내지 않았다. 이 사실이 관가에 알려지자 진산군수 신사원은 조정에 고발했고, 윤지충은 충청도 광천으로 피신해 있다가 숙부가 대신 체포되었다는 소식을 듣고 관아에 자수했다.

신사원은 그들을 달래면서 천주교 신앙을 버릴 것을 권유했다. 하지만 윤지충과 권상연은 문초를 당하면서도 오히려 교리의 타당함을 주장하여 끝까지 신앙을 고수했고 "절대로 신앙만은 버릴 수 없다"고 대답했다. 아래의 글은 윤지충이 진산에서 전주감영으로 압송되어 오면서 남긴 글이다.

29일. 첫닭이 울 때 길을 떠났다. 신거런 주막에서 처음으로 쉬면서 조반을 먹었고, 그 다음 개바우에서 두 번째 쉬며 말을 먹였다. 해가 질 무렵에 안덕원에 있는 고관들의 여인숙 근처를 지나서 조그만 산등성이를 넘자 우리를 데리러 오는 감영 나졸들을 만났다.

수많은 포졸이 큰 고함을 지르며 걸어오는데, 어떻게나 소란을 피우던지 우리를 잡는 것이 큰 도둑이나 잡는 것 같아 보였다. 우리는 남문 안에 있는 감영으로 끌려갔는데, 아주 컴컴하고 밤이 으슥하였으므로 우리 좌우에 횃불을 켜놓고 우리를 중군 아문으로 끌고 갔다. 중군이 우리에게 말하였다. "너희는 성명이 무엇이냐?"

전주감영으로 이송된 뒤 윤지충과 권상연은 자신들이 아는 천주교 신자들의 이름을 대지 않았다. 오히려 윤지충은 제사의 불합리함을 조목조목 지적했고, 혹독한 형벌이 가해지기도 했다. 당시 전라감사가 조정에 올린 보고서의 기록을 보자.

윤지충과 권상연은 유혈이 낭자하면서도 신음 한마디 없었습니다. 그들은 천주의 가르침이 지엄하다고 하면서 임금이나 부모의 명은 어길지언정 천주를 배반할 수는 없다고 하였으며 칼날 아래 죽는 것을 영광스럽게 생각한다고 말하였습니다.

두 사람은 그해 12월 8일 전주형장(지금의 전동성당 자리)에서 불효와 불충, 악덕의 죄로 처형되었다. 최초의 조선인 순교자가 나온 이 사건을 신해박해(辛亥迫害)라 한다. 그날, 1791년 (정조 15년) 11월 8일자 《조선왕조실록》 '윤지충과 권상연을 사형에 처하다'라는 기록을 보자.

전라도 진산군은 5년을 기한으로 현으로 강등하고 53 고을의 제일 끝에 두도록 하라. 그리고 해당 수령이 그 죄를 짓도록 내버려두었는데 그가 감히 관청에 있어서 몰랐다고 말할 수 있겠는가. 그가 먼저 적발했다는 것을 가지고 용서할 수는 없다. 일전에 계사에 대해서 역시 일의 결말을 기다려 처분하겠다고 비답하였으니, 해당 군수는 먼저 파직하고 이어 해부로 하여금 잡아다가 법에 따라 무겁게 처벌토록 하라.

큰 역적이 난 고을을 없애버리고 그가 살던 집마저 숯불로 지지고 못을 파서 연못을 만들었던 것이 조선 왕조의 엄혹한 법 집행이었다. 전주형장에서는 1801년 일어난 신유박해 때 유항검과 유관검 형제가 육시형을, 윤지헌 · 김유산 · 이우집 등이 교수형을 당하기도 했다. 이 문제로 인해 조정은 서구 문화의 도입을 반대하던 공서파와 천주교를 믿거나 묵인하는 신

한옥마을 초입에 자리 잡은 전 동성당에는 관광객과 천주교 신 자들의 발길이 끊이지 않는다.

서파로 분열해 대립하기 시작했다. 오랜 세월이 흐른 뒤 2014년 8월 16일 윤지충과 권상연은 서울 광화문 광장에서 거행된 시복식에서 복자(福者)가 되었고, 2021년에는 유항검의 고향인 완주 초남이 성지에서 두 사람의 유해가 발견되었다.

 대지 4000평, 건평 189평 규모의 전동성당은 회색과 붉은색 벽돌을 이용해 비잔틴 양식과 로마네스크 양식을 혼합해 지었다. 일부 벽돌은 당시 일본 통감부가 전주읍성을 헐면서 나온 흙을 구워 만들었고, 풍남문 인근 성벽에서 나온 돌로 주춧돌을 삼았다. 초기 천주교 성당 중 규모가 가장 크고 외관이 화려해 사람들의 눈길을 사로잡는다. 성당 앞에는 윤지충과 권상연, 두 사람의 순교자 상이 서 있다. 사제관은 전라북도 문화재자료 제178호로 지정되었다.

천년고도의 상징물
풍남문

전주에서 오랫동안 살아온 사람들은 천년고도 전주의 상징물로 풍남문(보물 제308호)을 꼽는다. 전주의 4대문 중 유일하게 남아 있고, 전주의 재래시장 중 가장 큰 남문시장에 인접해 있으면서 사람들의 삶 속에 스며들었기 때문일 것이다.

1894년 동학농민혁명이 일어나기 전까지만 해도 전주부성 네 곳의 성문 밖에는 모두 시장이 섰다. '남밖장'이라고도 부르는 남문밖 장터에서는 생활용품과 곡식이 거래되었고, '선밖장'이라고 부르는 서문시장에서는 소금과 깨 같은 양념과 어물, 북문시장에서는 비단을 포함한 포목과 잡곡, 동문시장에서는 한약재와 특용작물이 주로 거래되었다. 1924년에 선밖장이 남밖장에 병합되었는데, 거리가 가까운 두 시장 중 모든 여건에서 남밖장이 우세했기 때문이다. 전주부성에서 가장 큰 장이 섰던 남문 일대 사람들이 드나들던 문이 풍남문이다.

태조 이성계의 조선 왕조가 들어선 뒤 태조의 관향인 전주
는 풍패지향*으로 중시되어 1392년 완산유수부로 승격되었
다. 그 뒤 호남 지역을 관할하는 전라도의 수부가 되었고, 관찰
사 최유경의 주도로 전주성이 축성되었다. 세월이 흘러 성이
심하게 훼손되자 1733년(영조 9년) 전라도 관찰사로 부임한 조
현명이 대대적인 개축을 했다. 전주를 호남의 수도일 뿐만 아
니라 교통의 요지로서 비상시에 반드시 사수해야 할 전략적 요
충지로 본 조현명은 견고한 석성을 새로 쌓았다. 동서남북 네
곳에 문루를 다시 세우고, 3층으로 지은 남문은 안팎으로 홍예
를 틀어 올린 뒤 그 위에 2층 문루를 올렸다. 그리고 남문의 이
름은 명견루, 2층으로 지은 동문은 판동문, 서문은 상서문, 북
문을 중차문이라 이름 지었다. 새로운 이름은 관찰사 조현명,
판관 구성필, 중국 최덕 등 세 사람의 직함에서 한 자씩 따온
것이다.

아래는《여지도서》에 실린 당시의 기록이다.

전라도에 부임한 이듬해인 갑인년(1734, 영조 10년) 5월 갑신일
에 성을 지키는 신인 성황에 제사를 올려 알리고 옛 성을 철거
했다. 황방산과 흑석동에서 나무를 베어 오고, 2월 3월에 돌을
운반해왔다. 4월, 5월, 6월에 새 돌과 옛 돌을 섞어 성을 쌓고

● 豊沛之館. 제왕의 고향이라는 의미.

7월, 8월에 이곳에 무지개 모양으로 문루를 세웠다. 이렇게 하여 전주성을 고쳐 쌓는 일이 끝났다.

전주부성의 4대문을 완성한 조현명은 다음과 같은 시를 남겼다.

높다란 새 성벽이 구름 속에 길게 뻗어서
견훤의 옛 성 곁에 마주보고 우뚝 서 있네.
유리한 지세 근거로 인심의 화합을 함부로 말했지만
백성의 입이 강물보다 막기 어려운 줄 어찌 알았으리.
제때가 아니라 농민의 일손을 빼앗지 않을 수 없었으며
날짜에 쫓겨서 수많은 일꾼들만 지나치게 바쁘게 했네.

그러나 이 건물은 오래 가지 않았다. 그로부터 30여 년이 지난 1767년(영조 43년) 전주부성에 큰 불이 나면서 공공건물 100여 채와 민가 수천 채가 잿더미가 되고 말았다. 이듬해인 1768년 문루를 복구한 관찰사 홍낙인은 전주가 '왕실이 발원한 곳이자 옛부터 풍패라고 일컬어온 연고로(璿潢發源之地 古有豊沛之稱故)' 남문 명견루의 이름을 풍남문으로 고치고, 상서문은 패서문으로 고쳤다. 1775년(영조 51년)에는 관찰사 서정수가 동문과 북문을 중건해 각각 완동문루, 공북문루로 이름을 고쳤다.

역사 속에 수없이 흥망성쇠를 이어오면서도 조선 500년 간 전라도 수부의 성곽으로 자리매김한 전주성은 순종 원년인 1907년 도시 계획을 새로 세우면서 성곽과 성문이 모두 철거되고 말았다. 동문, 북문, 서문이 다 철거되었는데 다행스럽게도 남문인 풍남문만 화를 면하고 남아 있다가 1978년부터 3년에 걸친 보수공사 끝에 새 모습을 드러낸 것이 지금의 풍남문이다. 복원된 풍남문은 1층이 정면 3칸에 측면 3칸, 2층은 정면 3칸에 측면 1칸의 중층문루 팔작지붕이다.

옛 사람들이 노상 들락거렸던 호남제일문인 풍남문이 지금은 닫혀 있다. 필자가 좋아하는 이관주 시인의 〈마음에 지은 집〉처럼, 풍남문이 활짝 열려 사람들이 다시 오가는 그날을 기다려본다.

천년고도 전주의 상징물로
첫손 꼽히는 풍남문.

날만 밝으면 외할머니는 문이란 문은 있는 대로 열어두셨습니다. 햇살과 바람과 소나기와 구름이, 땅강아지와 풀벌레 소리와 엿장수와 똥개들이 제멋대로 드나들었습니다. (중략) 문이라고 생긴 문이란 문은 있는 대로 처닫고 사는 이웃들을 만날 때면 더더욱 외갓집이 생각납니다. 더 늙기 전에 그런 집 한 채 장만하고 싶어집니다.

추억 속 전주객사

풍패지관

전주 사람들이 오랜만에 친구를 만날 때 많이 정하는 약속 장소가 몇 군데 있었는데, 지금은 사라지고 없는 '미원탑'이거나 '객사 앞'이었다. 약속시간보다 일찍 온 사람이 객사에 들어가 마루에 앉아 기다렸던 것은 객사가 고향집 마루처럼 친근한 공간이었기 때문이다.

객사는 고려와 조선시대에 각 고을에 설치했던 관사를 일컬으며 객관(客館)이라고도 불렀다. 중앙에서 파견한 관리가 상주하는 고을이면 빠지지 않고 지어져 전국에 수백 곳이 있었다. 오늘날로 비유한다면 지방 국립호텔 정도 되겠다. 본래의 모습을 지키며 보존된 객사는 고창 무장객사, 부여 홍산객사, 나주 금성관 등이 있고 북한에는 평안도의 안변과 성천 객사가 남아 있다. 여수 진남관이 국보 제304호, 강릉 객사의 정문이던 강릉 객사문이 국보 제51호로 지정되어 있다.

전주의 중심지인 중앙동에 위치한 전주객사(보물 제583호)

가 언제쯤 창건되었는지는 분명치 않다. 2022년 2월 전주시에서 객사 주변을 발굴 조사한 결과에 따르면, 전주객사는 최소 고려 공민왕 때인 1366년에 만들어졌을 것으로 추정된다. '전주객사 병오년조'라는 한자가 찍힌 고려시대 기와와 상감청자 조각이 발견되었기 때문이다.

남자라면 다 같이 고생과 영광이 있건만,
가슴속에 쌓인 덩이 모두 불평뿐이네.
종일토록 영중에 무릎 꿇고,
날이 새면 창 밖에 나가 스스로 호명하네.
여러 차례의 광언 눈썹을 지지고 싶고,
편협한 분개 사라질 수 없어 병이 생기려 하네.
백 가지로 잘못을 찾아보지만 굽힐 수 없나니,
이 마음 길이 물과 같이 맑다오.

전주에서 벼슬살이를 시작한 고려시대의 천재 이규보가 《동국이상국전집》 제9권에 〈전주객사에서 밤에 자다가 편협한 회포를 쓰다〉라는 시를 남긴 그곳을 새롭게 중창한 것은 조선 초기였다. 1471년(성종 2년) 전주부윤이던 조근, 판관 김신이 주동하여 전주사고(全州史庫)를 창건하고 남은 재목으로 서익헌을 동익헌과 같은 규모로 고쳤다는 기록이 남아 있다. 그 이전에 객사가 있었다는 얘기며, 정유재란 때 불에 탄 것을 다시 중건했을 것으로 여겨진다. 일제시대인 1922년 이후 전라북도 물산진열소(후에 산업장려관)로 쓰였고, 전주 관민의 유연장 및 기타 모임 장소로도 사용되었다. 1937년부터 전라북도 교육참고관으로 쓰이다가 오늘에 이르렀다.

전주객사의 주관은 정면 3칸, 측면 4칸의 겹처마 맞배지붕 단층건물이고 그 좌우에 두 개의 날개처럼 익헌을 두었다. 서익헌은 정면 5칸, 측면 3칸의 주심포 건물이다. 동익헌은 1914년 철거되었다가 1999년 복원되었으며, 앞쪽으로는 중문과 외문이 들어서 있었다. 하지만 객사 중앙에 있었다는 진남루, 동북쪽 구석에 있었다는 매월당, 서쪽에 있었다는 청연당은 흔적조차 없고, 1601년 8월에 이 진남루를 찾았던 허균의 글만 남아 있을 뿐이다.

13일(일신) 방백과 함께 진남루에 나가니 장대놀이와 줄타기 그리고 높이뛰기 등 여러 가지 재주 놀음을 모두 보여주었다. 저녁 무렵에 대부인이 설익은 감을 먹은 것이 체하여 부축하고 들어가더니 초저녁에 병이 매우 위태로워졌다. 나는 부사 채형과 중군 이홍사, 판관 신지제와 밤새도록 동헌에 앉아 결과를 기다렸다.

허균의 글에 의하면 대부인은 진시에 병을 돌이키지 못하고 세상을 떠나서 상사를 치렀다고 하는데, 허균이 머물렀던 동헌도 진남루도 객사 앞에 큰길이 나면서 건물들이 사라진 것이다. 조선 중종 때의 문신 신용개가 매월당을 노래한 시 한 수가 남아 있다.

매화와 달이 서로 청신함을 다투어
맑은 빛 담담한 모습이 우리의 벗이로다.
달 그림자가 천상에 춤을 추니
고시산에 아가씨처럼 고운 신선이 아닌가.

전주객사에서 가장 먼저 눈에 띄는 것이 '풍패지관(豊沛之館)'이라고 쓴 편액이다. 풍패는 중국 한 고조 유방의 고향을 일컫는 말인데, 전주가 조선을 건국한 태조 이성계의 본향이라는 뜻으로 객사에 그 이름을 쓴 것이다. 선조 때 사신으로 와서 허균의 영접을 받았던 중국 문장가 주지번의 글씨로 알려져 있다. 한 글자의 키가 1미터를 넘어 옆으로는 칸살 하나를 다 차지하고 위로는 창방에서 서까래 끝동까지를 가득 채운다. 2012년 전주객사는 공식 명칭을 풍패지관으로 바꾸었다.

전주객사 앞의 도로 이름이 충경로다. 임진왜란 때의 의병장인 충경공 이정란 장군의 호를 따서 지은 이름인데, 1990년대까지만 해도 이 길이 충경로라는 사실을 아는 사람이 드물었다. 1980년에 전주 시가를 새롭게 정비하면서 도시 가운데를 관통하는 그 도로를 임시로 '관통로'라 불렀기 때문이다.

정식 이름인 충경로를 놔두고 임시 이름인 관통로라고 부르는 것을 안타깝게 여긴 필자가 역사성 깊은 객사 앞의 길이니 객사길로 바꾸자고 전주시청에 건의, 1990년대에 '충경로

전주 사람들에게 객사는 약속 장소로 많이 이용하는 친근한 공간이다.

전주객사는 2012년 공식 명칭이 풍패지관으로 바뀌었다.

를 객사길로 바꾸자'라는 주제로 공청회를 열었다.

완산구청에서 300여 명이 모인 가운데, 그 취지를 설명하고 안건이 거의 통과될 때쯤 한 사람이 질문을 했다. "신정일 선생님, 객사(客使)라는 이름은 좋은데, 집이 아니고 길에서 죽는 것이 객사(客死)잖아요?" 사람들은 "아! 그러네~" 하며 개명을 반대했고, 공청회는 중단되었다.

전주객사 뒷길에 '객사길'이라는 이름이 붙은 것은 그로부터 10여 년의 세월이 흐른 뒤였다. 객사길은 요즘 '객리단길'로 통한다. 서울의 관광명소인 '경리단길'을 표방하며 다양한 맛집과 예쁜 카페들이 속속 들어서 젊은이들이 많이 찾는 거리로 되살아났다.

70년 만에 복원된

전라감영

　조금 늦었을 뿐이다. 그렇게 생각하면서도 너무 늦은 것이다. 이미 오래 전에 대구에 세워진 경상감영이나 공주에 세워진 충청감영을 보고 부러워만 하다가 2020년 10월 전라감영 터에 사라지기 전의 모습을 드러낸 전라감영을 보면 만감이 교차한다.

　전라감영은 조선 왕조 500년 동안 전라도 일대와 제주도까지 관할했던 곳이다. 전라감사가 업무를 보고 휴식을 취했던 선화당은 전라감영이 처음 생길 때 관찰사의 청사당(廳事堂)으로 세웠다. 정유재란 때 불에 타버린 뒤 1598년(선조 31년)에 관찰사 황신중이 다시 세웠다. 1771년에 관찰사 윤동승이 재건하고, 다시 불에 타서 사라졌던 것을 관찰사 정민이 1792년에 다시 재건했다. 1894년 동학농민혁명 때는 이곳 선화당에서 집강소 설치를 위한 전주화약을 맺었다.

　전라감영에는 선화당뿐만이 아니라 연신당과 감사 가족
들이 지낸 내아, 내아 행랑과 비서실장인 예방비장이 일하는
웅청당, 그리고 오늘날의 보좌관에 해당하는 비장들의 집무실
인 비장청 등이 있었다. 선화당 북쪽에 있던 현도관은 전라도
사가 사무를 보던 곳이었고, 중군이 사무를 보던 주필당은 선
화당 남쪽에 있었다. 역대 관찰사들의 심부름꾼이자 전주대사
습놀이 주역으로 알려진 통인들의 대기소인 통인청, 약재를 다
루는 심약당, 법률을 다루는 검률당, 한지를 만드는 지소, 책을
출간하는 인출방, 진상품 부채를 만드는 선자청도 전라감영 안
에 있었다.

　조선 왕조 500년 동안 군사에서 사법까지 강력한 권한을
행사했던 전라감영은 1951년 한국전쟁 당시 폭발사고로 완전
히 사라졌다. 이듬해인 1952년 그 터에 전라북도청사가 들어
섰고, 1996년 도청사 이전 계획이 확정되자 전라감영 복원 논
의가 시작되었다. 도청사가 철거된 뒤 2017년 11월 본격적인
복원사업이 시작되었고, 2020년 70년 만에 1단계 사업이 마무
리되었다. 웅장한 외관과 우아한 곡선의 팔작지붕이 돋보이는
선화당을 비롯해 7동의 핵심 건물이 모두 옛 모습을 되찾았다.

　나는 선화당 마루에 앉아 옛 시절 이곳을 찾았던 사람들을
떠올린다. 허균은 1601년 전운판관으로 임명되어 호남 지역의
조운을 담당했다. 거두어들인 쌀 2300석을 배 6척에 싣고 보

고서를 올렸는데, 그때 큰 형 허성이 전라감사로 발령을 받았다. 충청도 직산에서 만난 형제가 오랜만에 한 이불을 덮고 하룻밤을 지낸 뒤 공주를 거쳐 전주로 들어오던 광경이 허균이 지은《조관기행》에 아래와 같이 실려 있다.

삼례에서 점심을 먹고 전주로 들어가는데, 판관이 기악과 잡회로 반 마장이나 나와 맞이했다. 북소리 피리 소리로 천지가 시끄럽고 천오(바다귀신춤)와 학춤, 그리고 쌍간회간과 대면귀검 등 온갖 춤으로 길을 메우니 구경하는 사람들이 성곽에 넘쳤다.

작은 형 허봉과 누님인 허난설헌이 먼저 세상을 떠났는데 큰 형 허성이 전라감사가 되어 이렇게 환대를 받는 광경을 지켜보는 허균의 마음이 얼마나 기뻤겠는가?

새로 지어진 선화당 내부에는 1884년 전라감영을 방문했던 미국 공사관 무관인 조지 클레이튼 포크의 사진자료를 재현한 6폭의 디지털 병풍이 있다. 선화당 북쪽에는 200년 된 회화나무가 서 있고, 회화나무 근처에는 관찰사가 휴식을 취하던 연신당이 들어섰다. 관찰사 가족들이 지내던 내아와 내아 행랑이 복원되고, 다가공원에 있던 이서구를 비롯한 전라감사 선정비들도 이곳으로 옮겨졌다.

완산은 곱고 새뜻하니 한 옛날에 명도로다.

용호가 서리고 걸터앉은 듯 울성하게 얽혀 있네.

국조의 근원이 이곳에서 비롯되니,

대대로 맑은 덕음이 동우에 덮혔어라.

조선 초기의 문신 이승소의 시로 남아 전해지던 전라감영
이 새로운 모습으로 그날의 역사를 바람결에 들려주고 있다.

지난 2020년, 70년 만에 옛 모습을 되찾은 전라감영.

연꽃 향기에 물드는 호수
덕진공원

내가 오직 연꽃을 사랑함은

진흙 속에서 났지만 물들지 않고

맑은 물결에 씻어도 요염하지 않으며

속이 소통하고 밖이 곧으며

덩굴지지 않고 가지가 없기 때문이다.

향기가 멀수록 더욱 맑으며

깨끗이 우뚝 서 있는 품은 멀리서 볼 것이요

다붓하여 구경하지 않을 것이니

그러므로 연꽃은 꽃 중에서 군자라고 하겠다.

단오날 덕진연못에서 펼쳐지는 축제는 북송시대 학자 주
돈이의 〈애련설〉을 떠올리게 했다. 창포물에 머리를 감으면 머
릿결이 좋아진다고, 목욕을 하면 피부병이 낫는다고 물속에 몸
과 마음을 들여놓는 사람들, 그 옆엔 그네를 타며 노니는 사람

들…. 단오 풍습을 즐기는 수많은 인파로 장사진을 이루는 곳
이 초여름의 덕진연못이었다. 1960년대 청소년기에 덕진공원
단오축제에서 가수 배호의 〈안개 낀 장충단공원〉 공연을 보았
다. 흐느적거리는 춤사위 속에서 흘러나오던 노래와, 연꽃 향
기가 그윽하고 아련하게 퍼져 나가던 감흥이 오래 잊혀지지 않
았다.

덕진연못으로도 불리는 덕진공원은 전주역 북쪽 3킬로미
터 지점에 자리한 유원지로 고려시대에 조성된 연못이다. 10만
평방미터 정도 되는 큰 공원 안에 4만3000평방미터 정도 크기
로 자리한 연못은 여름이면 절반이 연꽃으로 뒤덮이며 장관을
연출해 전주팔경의 하나로 손꼽힌다.

전주에 덕진연못이 만들어진 것은 풍수지리설이 활기를 띠
던 고려 때다. 당시 이곳에 연지가 들어선 이유가 《신증동국여
지승람》 '산천' 조에 다음과 같이 실려 있다.

덕진지: 부의 북쪽 10리에 있다. 부의 지세는 서북방이 공결하
여 전주의 기맥이 이쪽으로 새어버린다. 그러므로 서쪽의 가련
산부터 동쪽의 건지산까지 큰 둑을 쌓아 기운을 멈추게 하고
이름을 덕진이라 하였으니, 둘레가 9천 73자이다.

건지산과 가련산 사이를 막아 연못이 된 것인데, 가련이라

는 이름의 연원이 재미있다.

부의 서쪽 10리에 있으며, 건지산의 산세가 여기에 와서 끊어
졌다고 하여 가련이라 이름 지은 것이라 한다.

덕진지의 '풍월정'을 노래한 조선 전기의 문신 유순의 시를
보자.

덕진공원에는 목가시인으로 알려진 신석정 시인의 시비(위)와 동학농민혁명 지도자인 김개남 장군의 추모비(아래)가 신영복 선생의 글씨로 세워져 있다.

깊고 맑은 물에 허공이 비쳐 있고
덕을 쌓았으니 제물하는 공을 갖추었네.
이곳에 참용이 일어나지 않았다면
세상 어느 곳에서 뇌풍을 찾았으리요.

올창했던 소나무숲은 사라지고 없지만 여름이면 연꽃 향기
가 호수를 물들이며 사람들의 마음을 사로잡는 덕진공원에는
목가시인으로 알려진 신석정 시인의 시비, 동학농민혁명 지도
자인 전봉준 장군의 동상, 김개남 장군과 손화중 장군의 추모
비 등이 조성되어 있다. 취향정 옆 야외공연장에는 공연이 수
시로 열려 볼거리를 더한다.

전주 03

문화 속으로

판소리 명창의 산실
전주대사습놀이

옛 풍습을 보면 풍류를 사랑했던 전라도 사람들의 성향을 짐작할 수 있다. 그중 한 가지가 통인청의 대사습놀이다. '통인 청'은 전라감영에 있던 하급관리 통인들의 청사였고 '사습놀 이'는 경연대회를 뜻하므로, 전주대사습놀이는 전주부와 전라 감영에서 일하는 관리들의 잔치 놀이에서 시작된 것임을 알 수 있다. 이것이 민중의 호응을 받아 전 국민이 함께 즐기는 대사 습놀이로 발전한 것이다. 활쏘기, 춤 등 여러 놀이가 있었는데 가장 중요한 것은 판소리였다. 1784년(정조 8년) 시작된 전주 대사습놀이는 100여 년을 이어오면서 우리나라 판소리 명창 의 산실로 자리 잡았다.

동짓날이 가까워 오면 통인청에서 전국의 광대들을 수소문 하여 초청했다. 광대들은 이 무대에서 이름을 날리려고 단단히 벼르고 모여들었다. 대사습이 열리는 날에는 통인청에 오색 포

목을 여러 갈래로 늘어뜨리고 사방에 커다란 등불을 밝혔으며
거리 곳곳에 병풍까지 둘러쳐 거리가 휘황찬란했다. 이 날이
동지 명절이기 때문에 사람들은 하루 종일 이 거리 저 거리로
몰려 다녔다. 관청의 심부름꾼에서부터 기생, 장돌뱅이, 농한기
의 농민들이 한데 어울렸다.

당시에는 한양에서 이름을 얻는 것보다 전주대사습에서 이
름을 얻는 것을 더 큰 영광으로 여겼다. 광대들에 대한 대우도
융숭해 노래의 삯을 후하게 쳐주었을 뿐만 아니라 대회가 끝날
때까지 음식 솜씨가 좋은 기생집에서 머물게 했다. 대회에서
우승한 권삼득, 신재호, 송만갑 등 15명의 광대에게는 의관, 통
정, 검찰, 오위장, 참봉, 선달 등의 벼슬을 제수하고 명창 칭호
를 하사했다.

정노식의 《조선창극사》에는 조선성악연구회 회원으로 활
동했던 명창 김창용이 회고한 전주대사습놀이의 일면이 소개
되어 있다.

아버지 김정근 명창을 따라 전주대사습놀이에 참가했는데 그
때 송만갑 명창의 소리를 들었다. 시골 깔머슴 같은 송만갑은
총각머리를 딴 연소한 소년이었는데 그 소리는 함께 참가했던
김세종, 장자백, 김정근 못지 않았다.

일제강점기에 접어들어 중단되었던 전주대사습놀이는

1975년 부활했다. 박영선·송광섭·임종술 등 전통예술에 뜻이 있는 인사들이 모여 추진위원회를 결성했고, 5개 부문(판소리, 농악, 무용, 시조, 궁도)으로 나눠 제1회 전주대사습놀이 전국대회를 열었다. 판소리부 명창으로 서울의 오정숙, 농악부 명수로 광주농고 농악단, 시조부 명창으로 신용식, 궁도부 명궁으로 경기 김칠기 등이 장원을 수상했다.

1977년 사단법인 전주대사습놀이보존회를 설립해 대회를 주관하고 있으며 1983년 판소리 명창부, 농악부, 무용부, 기악부, 시조부, 민요부, 가야금 병창부, 판소리 일반부, 궁도부 등 9개 부문으로 확대했다. 2010년에는 명고수부를 신설해 10개 부문에서 전통예술 전반을 아우르는 명실상부한 대한민국 최고의 전통예술 경연장으로 자리매김했다.

전주대사습놀이와는 다른 이야기지만, 필자는 전라도의 전통문화를 계승 발전시키는 데 작은 도움이라도 되고자 1991년 10월 '전라세시풍속보존회'를 결성, 1992년 제1회 '정월대보름굿'을 다가공원에서 열었다. 황토현문화연구소의 서지영 고문, 임실 필봉농악의 양진성 대표(현재는 필봉농악 인간문화재), 까치마당의 이복남 씨 등이 참여한 보존회는 어린 시절의 추억을 바탕으로 선조들의 세시풍속을 자연스럽게 재현해볼 생각이었다.

누구나 다 가난했던 어린 시절엔 명절이나 되어야 좋은 옷

119

을 입고 맛있는 음식을 먹을 수 있었다. 민족 대명절 설이 지나면 대보름날을 목이 빠지게 기다렸다. 그날이 되면 집집마다 찰밥을 지었고, 한낮이 되면 마을 공터에 사람들이 모여들었다. 마을 풍물패 사람들이 징과 꽹과리, 장고와 북을 가지고 나오면 자연스레 마을 축제가 열렸다. 대보름굿은 그런 추억의 편린들을 가지고 시작되었다.

다가공원 광장에 큰 달집이 만들어졌고, 대낮부터 아이들은 연을 날리거나 팽이를 치고 제기를 찼다. 다가공원을 감싸고 있는 나무들마다 날아오르던 연들이 여기 저기 걸리고, 드디어 정월대보름굿이 시작되었다. 당산제를 포함해 각종 민속놀이, 연합풍물마당, 명인·명창 거리, 난장판 거리, 달집 태우기 등 신명의 한판 굿이 이어졌다.

전주대사습놀이 전국대회가
열리는 한국소리문화의전당.

다음 해에는 더욱 성대한 정월대보름굿을 개최했다. 칠월 백중놀이를 추가했고 삼월 삼짓날의 화전놀이, 유월 유두, 구월 중양절의 단풍놀이를 시작했다. 동짓날 팥죽 나누어 먹기를 개최했고, 전주 지역에서 활동하고 있는 100여 명의 무속인 및 풍물패들과 함께 전주 단오제를 개최해서 견훤대왕제 별신굿을 열기도 했다.

단오굿은 5년 정도 지속한 뒤 다른 단체에 넘겨주었지만 전라세시풍속보존회는 2005년까지 계속되었다. 이후 우후죽순처럼 세시풍속 행사가 온 나라에 퍼져 나갔고, 그때부터는 우리가 관여를 안 해도 잘 될 것 같다는 생각에 행사를 폐지했다.

문화의 본질은 불온(不穩)이라는 말이 있다. 현실에 안주하지 않고 새로운 것을 향해 움직여야 새로운 문화를 만들어낼 수 있다는 말이다.

숙련된 장인의 손에서 만들어지는
한지와 부채

    우리나라 고유의 종이인 한지(韓紙)는 일명 조선지(朝鮮紙)라고 부르며, 중국 종이는 한지(漢紙), 일본 종이는 화지(和紙)라고 부른다. 조선 초기인 1415년, 조정에 조지소라는 관아가 설치되어 한지 생산을 장려했고 왕실의 진상품으로 나라 안에 명성이 높았다. 조선 후기에는 지소청 비장이 한지의 제조에 관한 업무를 관장했다.

    한지의 품질은 크게 백지(白紙), 장지(壯紙), 각지(角紙) 세 종류로 나뉜다. 이를 세분하면 창호지, 유삼지, 공물지, 사고지, 외장지, 영창지, 농선지, 완산지, 임모지, 대각지, 소별지, 자문지, 산내지 등이 있다. 이 중 외장지, 영창지, 농선지, 완산지가 전주 특산이다. 쓰이는 용도에 따라 호칭이 달라지기도 한다. 문에 바르면 창호지, 족보나 불경 고서의 영인에 쓰이면 복사지, 사군자나 화조를 치면 화선지라고 부른다. 연하장과 청첩장으로 쓰는 솜털이 일고 이끼가 박힌 것은 태지다.

전주 일대에서 한지가 만들어지기 시작한 것은 조선 중기 때부터라고 한다. 벽암대사가 선조 41년에 완주군 소양면에 있는 송광사를 중건하면서 온돌방용으로 벽지를 부판(副版)하는 방법을 개발한 것이 이 지방 한지(장판지)의 시초였을 것으로 추정하고 있다. 그 뒤 조정에서 전주에 조지서를 설치하고 왕실용 장판지와 병정들이 야외에서 천막으로 쓸 수 있는 유둔지(油屯紙)를 생산했다고 한다.

전주 한지가 나라 안의 명물이 된 것은 전주천의 깨끗한 물과 함께 한지의 원료인 닥나무가 전주 일대에서 많이 생산되었고, 오랜 역사와 전통으로 숙련된 기술자들이 대를 이어 살았기 때문이다. 전주는 고려시대부터 닥나무 재배를 제도화해 지방 관아에서는 반드시 닥나무밭을 가꾸게 했다. 완주군 상관면, 소양면, 그리고 전주 흑석동 근처에서 나는 닥나무로 만들어진 한지는 품질이 뛰어나 국내뿐만 아니라 일본과 대만 등으로 수출되기도 했다.

조선시대의 천재 문장가인 매월당 김시습은 전주에서 한 겨울을 지내면서 당시 금강전(錦江牋)이라 부르던 전주 한지에 대해 한 편의 글을 남겼다.

금강의 봄물에 어전이 윤색나니 (錦江春水賦魚牋)

한가롭게 새 시 지어 몇 편을 쓰는구나 (閑製新詩寫數篇)

큰 붓 한번 휘두르자 뇌우가 움직이듯 (鋸筆一揮雷雨動)

흰 구름 무더기 속에 용이 살아 꿈틀대네 (白雲堆活龍翶)

이 한지를 주제로 한 '전주한지박물관'이 전주시 덕진구 팔복로 ㈜전주페이퍼 안에 있다. 1997년 한솔종이박물관으로 개관했다가 2007년 전주한지박물관으로 명칭을 변경했다. 한지 공예품과 한지를 제작하는 도구들, 고서적과 고문서 등 한지 관련 유물이 전시되고 있다. 한지 만들기 체험관도 운영하고 다양한 주제의 특별전도 개최하니 들러볼 만하다.

품질 좋은 전주 한지와 전주 대나무를 이용해서 만드는 부채 또한 전주가 으뜸이다. 전라감영에는 '선자청'과 '영선청'이 있어 임금께 진상하는 부채를 만들고 관리했다. 조선시대에는 신분과 성별에 따라 사용하는 부채가 달랐는데, 매년 단오 무렵 전주에서 조정에 부채를 진상하면 임금이 단오날 신하들에게 하사하는 풍습이 있었다. 벼슬의 품수에 따라 부챗살의 골수가 구분되었으므로 부챗살이 촘촘한가 성긴가에 따라 주인의 신분을 짐작할 수 있었다.

민간에서도 더위가 시작되는 단오 무렵이면 선물로 부채를 주고받던 풍속이 조선 말까지 성행했다. 그런 연유로 1930년대까지만 해도 단오가 다가오면 전주의 부채 장인 300여 명이 합죽선 2만 개, 태극선 16만 개를 만들어 전국에 내다 팔았다. 여기서 '단오 선물은 부채요, 동지 선물은 책력'이라는 말이 나왔다.

후백제를 세운 견훤은 고려 태조 왕건이 즉위하자 하신을
보내 축하하고 공작부채를 선물했다고 한다. 오늘날에도 부채
에 글씨를 쓰거나 그림을 그려 선물로 보내는 일이 있다.

한겨울 웬 부채냐 괴이히 여기지 말라.
네 나이 어리거니 이 뜻을 어이 알리.
임 그려 가슴 타는 불길은 복더위보다 더한 것을.

조선 중기의 시인 백호 임제가 합죽선을 두고 읊은 시 한
편이 남아 전해지는 부채의 고장 전주에서는 지금도 많은 사람
이 부채를 만들고 있다. 선풍기나 에어컨과는 역할이 다른 부
채. 전주시 천경로에 있는 부채박물관에 가보면 그 의미를 알
수 있을 것이다.

한지문화축제가 열리는 한국
전통문화전당.

비사벌초사에 산 목가시인
신석정

지치도록 고요한 하늘에 별도 얼어붙어

하늘이 무너지고

지구가 정지하고

푸른 별이 모조리 떨어질지라도

그래도 서러울 리 없다는 너는

오 너는 아직 고운 심장을 지녔거니

밤이 이대로 억만 년이야 갈리라구

신석정 시인이 〈고운 심장〉을 썼던 때가 일제 말기인 1940년 무렵이다. 밤이 깊으면 새벽이 멀지 않다는 소망을 가지고 일제에 침탈당한 우리나라가 해방되기를 갈망했던 시인은 목가시인 또는 전원시인으로 알려져 있다.

〈나의 꿈을 엿보시렵니까?〉〈어머니 그 먼 나라를 아십니까?〉를 비롯한 수많은 시를 남긴 시인은 1907년 7월 7일 전북

부안에서 한의사인 신기온의 3형제 중 둘째로 태어났다. 부친의 가업을 이어받은 형 신석갑은 전라도 일대에서 수많은 학자를 양성한 간재 전우의 학맥을 이어받은 학자이자 식물학자였으며, 평생을 가난하게 살았던 동생 신석정을 물심양면으로 도와주었다.

보통학교를 졸업하고 서울로 상경한 신석정은 동국대학교의 전신인 중앙불교전문강원의 박한영 문하에서 불전을 연구하면서 만해 한용운 시인으로부터 문학을 공부했다. 1924년 4월 19일자 조선일보에 소적이라는 필명으로 〈기우는 해〉를 발표하면서 등단했고 1930년대 김영랑 · 박용철 · 정지용 · 이하윤 등과 함께 《시문학》 동인으로 활동했다. 1939년 첫 시집 《촛불》을 발표한 데 이어 1947년 《슬픈 목가》, 1956년 《빙하》, 1967년 《산의 서곡》, 1970년 《대바람소리》를 펴냈다. 한국문학상과 한국예술문학상을 수상했고, 1974년 7월 6일 세상을 떠났다.

진정한 자유를 꿈꾼 시인이자 사상가인 헨리 데이비드 소로를 좋아하고 도연명의 〈귀거래사〉와 〈도화원기〉에 영향을 받은 신석정은 '동양적 낭만주의'에 입각한 시를 썼다는 평가를 받는다. 문학평론가 김기림은 '현대문명의 잡답(雜踏)을 멀리 피한 곳에 한 개의 유토피아를 흠모하는 목가적 시인'이라고 묘사했다.

시인이 제2의 고향으로 여기고 살다 작고한 곳이 전주시 남노송동이다. 그는 1954년 전주고에서 교편을 잡으면서 정착한 자택에 '비사벌초사(比斯伐艸舍)'라는 이름을 짓고 살았다. 전주의 옛 지명인 '비사벌'과 볏짚 등으로 지붕을 인 집을 뜻

신석정 시인(위)은 전주고에서 교편을 잡으면서 정착한 남노송동 자택에 '비사벌초사'(아래)라는 이름을 짓고 살았다. 전주의 옛 지명인 '비사벌'과 볏짚 등으로 지붕을 인 집을 뜻하는 '초사'를 결합해 지은 이름이다.

하는 '초사'를 결합해 지은 이름이다. 꽃과 나무를 좋아했던 시인은 나무 중에서는 태산목, 꽃 중에서는 영산홍과 자산홍, 백목련을 특히 좋아했다. 〈이속(離俗)의 장(章)에서〉라는 시에 그 마음이 가득히 담겨 있다. 태산목을 비롯한 나무와 꽃이 아름답게 자라고 있는 비사벌초사는 2018년 전주시 미래유산으로 지정되었다.

> 뼈에 저리도록 생활은 슬퍼도 좋다
> 저문 들길에 서서 푸른 별을 바라보자
> 푸른 별을 바라보는 것은
> 하늘 아래 사는 나의 거룩한 일과이거니

시인의 미래에 대한 희망과 삶의 의지는 시집 《촛불》에 수록된 〈들길에 서서〉에서도 빛나고 있다.

《혼불》의 정신을 남기고 떠난
최명희

들판은 아득한 연둣빛이다. 거기다 막 씻어 행군 듯한 햇살이
여린 모의 갈피에 숨느라고 여기저기 그 물빛이 찰랑거린다.

금방이라도 방문을 열고 봄이 찾아올 것 같은 가슴 아린 문
장을 《혼불》이라는 대하소설에 남긴 작가 최명희는 1947년 전
주에서 태어났다. 1972년 전북대학교 국어국문학과를 졸업했
고, 1972~81년 전주 기전여자고등학교와 서울 보성여자고등
학교에서 국어교사로 재직했다. 1980년 중앙일보 신춘문예에
단편 〈쓰러지는 빛〉이 당선되어 등단한 그는 이듬해 동아일보
창간 60주년 기념 장편소설 공모전에서 《혼불》(제1부)이 당선
되어 문단의 주목을 받았다. 그 뒤 월간 《신동아》에 제2부와 5
부를 연재했고, 1996년 전10권으로 《혼불》을 완간했다.

일제강점기인 1930~40년대 전라북도 남원의 한 유서 깊
은 가문 '매안 이씨' 문중을 배경으로 쓴 《혼불》은 한 시대가

가고 오는 소용돌이 속에서 퇴락해가는 종가를 지키는 종부 3대와 이씨 문중의 땅을 부치며 살아가는 상민마을 '거멍굴' 사람들의 삶을 그리고 있다. 전통적 삶의 방식을 지켜나간 양반사회의 기품과 평민의 애환을 생생하게 묘사했는데, 혼례를 비롯한 통과의례와 정월대보름 등의 세시풍속, 방언 등 호남지방 문화가 세밀화처럼 실려 있다. 초간 권문해의 《초간집》을 비롯해 수많은 학자의 문집을 인용해 작가들에게 문학적 영감을 불어넣었고, 어떤 삶을 살아야 하는가에 대한 방향을 제시하기도 했다. 《혼불》 제3부, '아소 님아'에 실린 이야기를 보자.

> "신새벽에 귀 설은 빗자루 소리 들리면, 오늘은 또 누가 와서 마당을 쓰는고 싶더니라. 인제 후제 내가 죽더라도 그렇게 이 마당을 찾는 사람을 박대하지는 말아라. 그것이 인심이고 인정이다. 이 마당에 활인(活人) 복덕(福德)이 쌓여야 훗날이 좋지. 태장(笞杖) 낭자하면 안택(安宅) 굿도 소용이 없어. 집안이 조용하지를 못한 법이다."
> 청암 부인은 이기채에게 이렇게 이른 뒤 다시 말을 이었다.

소설 속에서 누구든 곡식이 떨어져 먹을 것이 없게 되면 가난한 가장은 빗자루 하나 들고 청암 부인의 집을 찾아가 마당을 성심껏 쓴다. 마당쇠는 그것을 본 뒤 청암 부인에게 가서 "마님 아무 아무가 와서 오늘 아침에 마당을 깨끗이 쓸어놓았습니다."라고 말하면 청암 부인은 광으로 가서 자루에 쌀이나 보리 혹은 다른 곡식을 들고 갈 수 있을 만큼 담아내어 그가 다른 성을 가진 사람이면 직접 가지고 가게 주었고, 문중의 일가라면 마당쇠한테 가져다 드리라고 시켰다.

이 얼마나 아름답고 재미난 광경인가? 이런 일들이 지금 시대에도 여기저기에서 일어난다면 얼마나 좋을까마는, 그것은 바랄 수 없는 이상세계인 것을.

《혼불》이라는 대하소설을 통해 한국인의 역사와 정신을 생생하게 표현해 한국 문학의 수준을 한 단계 높였다는 평가를 받았던 최명희는 1998년 난소암으로 사망했고, 그를 기리는 최명희문학관이 한옥마을에 세워졌다. 소설 속 '청암 부인'의

난소암으로 일찍 세상을 뜬 작가를 기리는 '최명희문학관'이 한옥마을에 세워졌다.

뜻을 이어받아 그런지 그가 살았던 곳 근처에서 매년 겨울이면 얼굴 없는 천사가 불우한 이웃을 도와달라며 성금으로 내놓은 돈이 10억 원에 이르고 있으니, 이 얼마나 대단한 일인가?

물 오른 나무들이 젖은 숨을 뿜어내서 촉촉한 대기 속 어디선가 꽃봉오리가 터지는 소리가 들릴 것도 같은데….

《혼불》제4권에 실린 글과 같이 온 세상에 환한 봄이 오기를 기다린다.

쌍벽을 이루었던 현대 서예가

송성용과 황욱

"말은 마음의 소리(心聲)이며, 글씨는 마음의 그림(心畵)이다." 서한 때의 관리이자 철학자인 양웅의 말이다. 전주에는 마음으로 글씨를 써서 나라에 이름을 날린 서예가가 여럿 있다. 강암 송성용과 석전 황욱은 같은 시대에 태어나 쌍벽을 이루었던 이 고장의 대표적인 서예가다.

한옥마을 청연루 근처에 자리 잡은 강암서예관의 주인공 송성용(1913~1999)은 김제에서 태어나 일찍이 한학(漢學)에 입문하여 문리를 터득했고 서법과 그림에 취미를 가져 일가를 이루었다. 부친으로부터 예의범절과 학문을 이어받아 일제시대에도 보발을 고집하고 양복을 입지 않았으며 창씨개명과 신학문을 반대했다.

평소에도 갓을 쓰고 두루마기를 입고 지냈던 그를 두고 사람들은 전주 양반의 체통을 오늘에 간직한 인물로 보았고, 4대에 걸쳐 서예가를 배출한 집안의 기둥인 그의 글씨를 '고전의 그릇에 현대를 담았다'라고 평했다. '그의 대나무 그림은 이 시대에 따를 사람이 없다'는 극찬도 듣는다. 다양한 서체를 구사하면서 강암체를 창안한 송성용은 문인화를 주로 그리며 많은 제자를 양성했다. 그의 글씨는 토함산 석굴암과 두륜산 대둔사, 불국사 자하문, 금산사 보제루를 비롯해 전국의 수많은 사찰에 남아 있다.

그가 살아 생전 지인에게 보낸 편지를 보면 항상 겸손을 잃지 않았던 마음이 담겨 있다. "저는 시골구석에 사는 까닭에 견문이 매우 좁아서 글씨를 쓰는 게 먹을 가지고 장난치는 수준을 면하지 못하고 있습니다." '내가 아는 것은 내가 아무 것도

'강암체'를 창안한 송성용.

모른다는 것뿐'이라던 소크라테스의 마음과 같았던 강암의 혼은 후학들에게 많은 교훈을 주고 있다. 그에게서 글씨를 배운 강암연묵회 김승방 회장은 "선생은 좋은 작품을 얻으려면 손끝의 재주가 아닌 맑고 높은 인품을 갖춰야 함을 생활로 보여주셨다"며 스승을 회고했다.

고창의 만석꾼 집안에서 태어난 석전 황욱(1898~1993)은 어려서부터 한학을 공부해 서예에 정진하면서도 선비가 닦아야 할 육예를 고루 갖추었다. 1920년 금강산 돈도암에 들어가 10여 년 동안 글씨를 익히며 망국의 한을 달랜 그는 1953년 이후 전주에 은거하여 필력을 연마해 모든 서체에 능했고 특히 행서와 초서에서 이름을 날렸다.

서예가로서 명성이 높아진 것은 그만의 독특한 필법인 악필법(握筆法) 때문이었다. 회갑이 지난 1963년 황욱에게는 심한 수전증이 왔고, 수전증을 극복하기 위해 손바닥 전체로 붓을 잡는 필법을 착안했다. 그 독특한 서체가 사람들에게 널리 알려진 것은 1975년 이후였다.

강암 송성용은 석전 황욱의 전시회를 보고서 다음과 같은 평을 내렸다. "요즘 모양만 근사하게 하는 작가들이 많은데 석전 선생의 서예전은 절대 그런 것이 아니다. 그 필력의 경건함은 오랜 경험과 예술가적 인격에서 우러나온 응당한 소산이라고 본다."

한국 서예 역사상 최초로 좌수악필이라는 독특한 서체의 경지를 이룩하며 나이 들수록 완숙한 예술혼을 꽃피우던 석전은 96세의 나이로 세상을 떠났다. 그가 쓴 글씨는 화엄사 일주문 현판과 금산사 대적광전 현판, 오목대와 한벽당의 현판으로 걸려 있고, 경주 불국사의 종각 현판을 비롯한 1500여 작품으로 남아 있다.

조선 후기의 걸출한 서예가인 창암 이삼만과 그 뒤를 이은 강암 송성용, 석전 황욱 등의 예술혼이 이어져 세계적인 서예 축제인 '세계서예전북비엔날레'라는 행사가 1997년 동계유니버시아드 대회 문화행사의 하나로 시작되었고, 이후 격년으로 열리고 있다.

한옥마을 청연루 근처에 자리 잡은 강암서예관.

비빔밥, 콩나물국밥, 가맥집…
전주의 맛

　보기 좋은 음식과 맛있는 음식은 지나가는 나그네의 발걸음도 멈추게 한다. 여행길에서 맛있는 음식과 푸짐한 인심에 마음을 빼앗겨 머물다 가고 싶어지는 도시가 바로 전주다.

　전주에는 지역 사람들이 즐겨 먹는 팔미, 여덟 가지 먹거리가 있었다. 서낭당골에서 음력 팔월에 나는 감, 기린봉의 열무, 상관의 게, 오목대 청포묵, 소양 담배, 전주천 민물고기인 모래무지, 사정골 콩나물, 서원 너머의 미나리다. 나라 안 곳곳에 팔경은 있지만 팔미가 있는 지역은 흔하지 않다. 그만큼 전주 사람들의 생활 형편이 넉넉하고 물산이 풍부했다는 뜻이다.

　추억 속의 전주팔미는 지금은 맛볼 수 없다. 화산서원 너머 중화산동에 있던 미나리밭은 사라진 지 오래이고 한벽당 부근에 이름났던 오모가리탕집 몇 개가 남아 그 옛날 모래무지의 명성을 증언해주고 있을 뿐이다.

　그럼에도 전주가 여전히 맛의 고장으로 인기인 이유는 새롭게 등장한 대표선수들 덕분이다. 비빔밥, 콩나물국밥, 한정식, 모주 등이 전주의 맛을 보여주고 가맥집도 가세해 여행객을 붙잡는다.

전주 비빔밥은 평양 냉면, 개성 탕밥과 함께 조선의 3대 음식으로 손꼽혔다. 세계인의 밥상으로 발전한 비빔밥이 어떻게 시작되었는가? 조선시대 임금이 점심에 먹는 가벼운 식사가 비빔밥이었다는 설, 제사를 마치고 진설했던 음식을 비벼 여럿이 나누어 먹으면서 비롯되었다는 설, 동학농민혁명 당시 농민군의 그릇이 충분하지 않아 그릇 하나에 여러 반찬을 뒤섞어 비벼 먹었다는 설 등 다양하다. 어느 설이 맞든 우리 민족의 밥상이 밥과 반찬으로 이루어져 있으니 자연스럽게 이 두 가지가 비벼진 것이다.

비빔밥은 그 지역의 특산물들이 주재료로 사용되므로 지역마다 특색이 다르다. 전주 비빔밥은 콩나물과 육회가 주재료라서 '전주콩나물육회비빔밥'이라고 불리기도 한다. 수질과 기후가 좋은 전주 지역 콩나물은 전주팔미에 들어갈 만큼 유명하다. 여러 문헌에 의하면 전주에서는 흉년으로 식량 사정이 어려울 때도 매일 육회용으로 소 한 마리를 도살했다고 하니, 육회 또한 친숙한 음식이다. 여기에 황포묵, 미나리, 시금치, 고사리, 취나물, 송이버섯, 표고버섯, 녹두나물, 무생채, 애호박볶음, 오이채, 쑥갓, 상추, 호두, 밤채, 잣, 은행, 김, 찹쌀고추장, 접장,

참기름, 달걀 등 30여 가지 재료가 계절에 맞게 들어간다.

전주의 이름난 비빔밥집에 가서 비빔밥을 주문하면 반찬 가짓수가 한정식 상차림처럼 열 가지가 넘어 푸짐한 인심을 느낄 수 있다. 대표적인 비빔밥집은 가족회관, 중앙회관, 성미당, 한국관, 고궁, 호남각 등이다.

콩나물국에 밥을 넣고 말아 먹는 콩나물국밥은 삼백집이 대표적이다. 1945년 개업한 삼백집은 다섯 평 남짓한 작은 공간에서 '하루에 300그릇만 팔겠다'는 마음으로 간판도 없이 시작해 1967년에서야 '삼백집'이라는 이름으로 간판을 달았다. 주인 이봉순(작고) 할머니는 욕을 잘하기로 유명했는데 재미있는 일화가 여럿 전해진다. 이른 새벽에 할머니에게 욕을 먹으면 하루 재수가 좋다는 속설 때문에 꼭두새벽에 찾아오는 사람도 많았다. 박정희 전 대통령이 경호원 없이 해장국을 먹으러 오자 "누가 보면 영락없이 대통령인 줄 알겠다, 이놈아. 옜다 달걀 하나 더 처먹어라." 했다고 한다. 대통령이 껄껄 웃으며 콩나물국밥을 먹고 돌아가 주변 사람들에게 이야기를 전하면서 삼백집은 더욱 유명해졌다. 삼백집이 유명해져 서울 고속터미널을 비롯한 전국 체인망을 열자 '현대옥' '왱이집' 등 다른 콩나물국밥집들까지 인기를 끌면서 성업 중이다.

음식맛 좋은 곳에 술이 빠질 수 없으니 전주에 가면 모주와 이강주도 맛볼 일이다. 한정식집은 물론이고 전주의 어느 음식점에 가도 약방의 감초처럼 있는 모주는 막걸리에 생강과 대추, 한약에 빠짐없이 들어가는 감초와 인삼, 칡(갈근) 등 8가지 약재를 넣고 끓인 술이다. 술의 양이 절반 정도로 줄면서 알코올 성분이 거의 없어졌을 때 계핏가루를 넣어 먹는다. 알코올 성분이 약하긴 하지만 은근히 취하는 술이라서 적당히 반주로 곁들여 먹으면 좋다.

모주가 사람들에게 알려진 것은 광해군 때 인목대비의 어머니 노씨가 귀양지 제주에서 빚었던 술이라 해서 '대비모주(大妃母酒)'라 부르다가 '모주'로 줄여 부르게 되었다는 이야기가 있다. 지금도 제주에서는 막걸리를 모주라고 부른다. 조선 후기에 서울에도 모주 집이 있었고 1960~70년대 배고팠던 시절에는 우리나라 어느 지방이나 술지게미에 물을 타서 뜨끈뜨끈하게 끓여낸 모주를 먹었기 때문에 아이들이 비틀거리며 걷는 풍경이 아주 흔했다.

조선의 술 중 유명한 것은 무언인가? 가장 널리 퍼진 것은 평양의 감홍로인데, 소주에 단맛 나는 재료를 넣고 홍곡으로 발그레한 빛을 낸 것이다. 그 다음은 전주의 이강고로 배즙과 생강물, 꿀을 넣어 빚은 소주다. 그 다음은 전라도의 죽력고로 푸른 대나무를 숯불 위에 얹어 뽑아낸 즙을 섞어 고아낸 소주다. 이밖에 금천의 두견주, 경상의 과하주 등이 유명하다.

최남선의 《조선 상식문답》에 나오는 이강주는 전주를 대표하는 전통주다. 이 지역에서 생산되는 쌀과 배, 생강을 주재료로 해서 '고아 내려 만든다'는 의미로 이강고라고도 불렀다. 조선시대 나라의 주요 행사 때마다 사용된 이강주의 제조방법과 특징은 《임원16지》《동국세시기》《조선주조사》 등에 실려 우리나라 전통주의 역사를 증언해준다. 일제강점기에 밀주로 규정되면서 사라졌다가 해방 이후 다시 제조되었으며 1987년 전라북도 향토무형문화재 제6호로 지정되었다. 현재는 제조기능보유자인 조정형 명인(대한민국 식품명인 제9호)이 전통을 이어가고 있다.

지금은 다른 도시에서도 흔히 볼 수 있는 가맥(가게맥주)집의 원조도 전주다. 전주 술꾼들 사이에서 가장 인기 있는 가맥집은 전일슈퍼다. 어느 골목에나 있는 생필품 파는 슈퍼가 아니라 맥주와 안주를 파는 가게다. 이 집의 대표 메뉴인 황태포는 연탄불에 은은하게 구워 청양고추 소스를 찍어 먹는데, 씹을수록 입안 가득 안기는 고소함이 일품이다. 1, 2층을 다 채우고 거리에 놓은 테이블까지 항상 만원이다. 얼마나 많은 맥주를 팔았으면 이 작은 슈퍼를 국세청에서 세무조사까지 했을까?

'품질 좋은 술은 좁은 골목을 두려워하지 않는다'는 속담과 같이 전주라는 곳에 터를 잡고 전국의 식도락가들을 불러 모으는 음식점들이 곳곳에 산재해 있다.

완주 01

역사 속으로

둘이면서 하나인
전주와 완주

　전라북도의 한복판에서 전주시를 감싸 안고 있는 완주군은 전주와 떼어내고 싶어도 떼어낼 수 없는 한몸과 같은 역사와 자연을 갖고 있다.

　완주의 행정명은 백제 때 완산주, 통일신라 때 전주, 고려 때 완산주, 조선 때 전주부로 불리다가 1895년(고종 32년)에 전주군으로 고쳐졌다. 일제가 우리나라를 강점한 뒤인 1914년 행정구역을 개편하면서 고산군이 전주군에 편입되었다. 1935년에는 전주읍을 전주부로 승격시켜 전주군을 전주부와 완주군으로 분리했고, 광복 후인 1949년에는 전주부가 전주시가 되었다.

　이처럼 행정구역이 하나였다가 둘이었다를 반복하는 가운데서도 의연한 자연은 변함없이 하나로 묶여 있었다. '완산팔경'은 하나인 전주와 완주의 비경 여덟 곳을 말한다. 제1경 기린토월(麒麟吐月), 제2경 한벽청연(寒碧晴烟), 제3경 남고모종(南固暮鐘), 제4경 곤지망월(坤止望月), 제5경 다가사후(多佳射帿), 제6경 덕진채련(德津採蓮)이 전주의 땅이고, 제7경 비비낙안(飛飛落雁)과 제8경 위봉폭포(威鳳瀑布)는 완주 땅이다. 비비낙안(飛飛落雁)은 달빛이 부서져 내리며 반짝이는 삼례의 한내(大川)에 기러기 떼가 사뿐히 내려앉는 정경을 비비정(飛飛亭)에 올라 바라보는 경치다. 위봉폭포(威鳳瀑布)는 위봉사 아래로 쉴 새 없이 쏟아져 내리며 부서지는 폭포를 말한다. 이 팔경에다가 두 개를 더하면 '완산십경'이 되는데, 제9경 '동포귀범(東浦歸帆)'도 완주군 고산천의 선창부두로 돌아오는 소금배들의 풍경을 말한다. 옛 사람들은 전주와 완주를 나누지 않고 하나의 큰 풍경으로 즐겼던 것이다.

이름난 산과 절이 유독 많고 역사 속 이야기도 풍성한 완주가 다시 전주와 하나 되어 더 큰 도약을 이루는 날이 속히 오기를 기대해본다.

호남평야의 젖줄
만경강 발원지

'황하의 물은 하늘에서 내려온다.' 이백의 시 한 소절이다. 한 방울 물에서 비롯되어 수많은 지류를 받아들인 뒤 바다에 이르는 강의 발원지가 중요하다는 상징성을 말하는 것이다.

전라도에서 발원해 바다로 가는 강은 여러 개가 있다. 장수읍 신무산 뜸봉샘에서 시작해 군산의 서해로 흐르는 강이 천리길 금강이고, 진안군 백운면 신암리 상초막골에서 비롯해 광양시 진월면 망덕포구로 530리를 흐르는 강이 섬진강이다. 그리고 완주군 동상면 사봉리 밤티고개 아래에서 발원해 김제시 진봉면 심포로 흐르는 강이 만경강이다.

다른 강들이 그럴 듯한 발원지인 샘이나 못에서 시작되는 것과 달리 만경강은 깊숙한 골짜기 질척질척한 땅에서 시작한다. 만경강의 경은 '백이랑 경(頃)' 자로, 크고 넓은 들이란 뜻이다. 김제 지역에서는 이 넓은 들을 '징계맹경외애밋들'이라고 부르는데, 곧 김제만경평야를 말한다.

사봉리를 떠난 시냇물은 오지 중의 하나였다가 지금은 사람이 살 만한 곳으로 여겨 귀촌자들이 몰려드는 동상면을 지나 대아저수지에 이른다. 1922년 우리나라 최초의 근대식 댐으로 조성된 대아저수지는 내구연한이 다 되어 1989년 300미터 하류 지점인 고산면 소향리에 새 댐을 건설했다. 새로운 대아저수지는 만수면적 234만 제곱미터, 저수량 5464만 톤으로 용수부족 문제를 해결하고 관광지로 거듭났다. 운암산에 올라 굽어보는 대아저수지의 풍경이 일품이다.

고산을 지나면 산의 형세가 오리 같다는 압대산에 이른다. 아름다운 벼랑 아래 소가 깊어 물고기가 많이 사는 이 산이 사라질 위기에 처했었다. 2000년대 초반 한국의 10대강 도보답사를 마치고 만경강을 걷고 있는데 압대산 위에 중장비 세 대가 올라 산을 깎고 있었다. 마을 주민에게 묻자 17번 국도를 선형 변경하면서 산을 다 깎아 다른 곳에 메운다는 것이었다. 당시 전주 문화방송 시청자위원으로 활동하던 필자는 방송국에 전화를 걸었고, 고차원 기자와 다음과 같은 인터뷰를 했다.

"만경강은 본래 사행하천이었는데 일제 때 직강하천으로 바꾸면서 98킬로미터였던 강이 82킬로미터로 줄어들었다. 압대산의 아름다운 벼랑을 없애면 만경강의 환경과 경관을 해칠 뿐만 아니라 몇 천억 원을 들여도 이러한 경관을 다시 만들 수 없다."

　방송이 나간 뒤 곧바로 공사가 중단되자 익산국토관리청 담당자가 여러 번 찾아와 터널을 뚫을 수 없는 상황을 설명하며 양해를 부탁했다. 그때 나는 "대한민국이 제일 잘하는 일 중 하나가 다리 놓고 터널 뚫는 것입니다"라고 말했다. 결국 3년간 공사가 중단되었다가 터널이 뚫렸다. 이 세상에 태어나 제일 잘한 일 중 하나가 그때 사라질 뻔했던 압대산을 터널을 뚫어 살리게 한 것이 아닐까.

　만경강은 봉동읍을 지나서 소양천과 전주천을 받아들이고 비비정, 춘포와 목천포 다리, 청하, 새창이다리를 굽이굽이 돌아 진묵 스님의 자취가 서려 있으며 일몰이 아름다운 절 망해

완주군 동상면 사봉리 밤티 고개 아래에서 발원해 김제시 진봉면 심포로 흐르는 만경강.

사에 이른다. 망해사는 지금은 바다가 아닌 새만금을 바라보고 있다. 98킬로미터 사행하천이었다가 일제 때의 직강화로 인해 82킬로미터로 줄어든 만경강의 하구는 김제시 진봉면과 군산시 회현면 사이다. 호남평야의 젖줄이 되는 만경강은 그렇게 서해바다를 향해 그침 없이 흐르고 있다.

이름 없는 골짜기에 불과했던 만경강 발원지에 2001년 '밤샘'이라는 어여쁜 이름이 생겼다. 전북산사랑회 회원들이 밤나무가 많아서 붙여진 '밤티마을'에서 이름을 따와 지어준 것이다. 태고의 자연이 숨쉬는 밤샘으로 트레킹을 떠나는 사람들도 늘고 있다.

전주성 점령을 포기하게 만든

웅치전투

전주에서 진안 죽도로 가려면 곰치재 옛길 혹은 모래재를 넘거나 1997년 전주·무주 동계유니버시아드 대회를 치르기 위해 만든 26번 국도 소태정길을 이용해야 한다. 그러나 조선시대에는 완주군 소양면 신촌리 웅리마을에서 진안군 부귀면 세동리로 넘어가는 웅치재를 넘었다. 진안현감으로 부임하면 소양을 지나 이 웅치재를 넘어가야 했는데 현감은 말을 타고 갔을까 걸어갔을까? 다산 정약용이 지은 《목민심서》에 그 해답이 있다. 큰 고개를 넘을 때는 가마를 타지 못하도록 했다. 그런데 이 고개가 가파르고 높았기 때문에 군수나 현감이 부임하던 길에 하도 기가 막히고 두렵기도 해서 사표를 던지고 돌아갔다는 기록이 남아 있다.

1592년 조선을 침략한 왜군은 개성을 점령한 뒤 한양에서 6월 26일 지휘관 회의를 열어 조선의 팔도를 장악하는 임무를 나누어 정했다. 충청남도 금산을 점령한 뒤에는 호남을 공략하기 위해 진영을 구축했다. 그때 전라도 지역을 맡았던 고바야가와 타카케는 전주성을 향해 부대를 두 방향으로 나누어 진격시켰다. 부하들이 주축인 첫 번째 부대는 금산에서 진안을 거쳐 전주로 향하는 길을 주공(主攻)으로 삼아 1만여 명의 병력을 보냈고, 자신이 거느린 두 번째 부대는 금산에서 대둔산 기슭을 거쳐 전주를 함락하기 위해 2000여 명으로 구성했다. 그리고 경상도 김천 일대에 주둔하고 있던 별동대는 따로 거창을 거쳐 남원 방향으로 진격하게 했다.

이에 따라 진안과 전주를 잇는 웅치, 금산과 완주를 잇는 이치는 전라도의 수부 전주를 수호하느냐 왜군에게 내어주느냐 하는 절체절명의 격전지가 되었다. 조정에서는 전라도 절제사인 권율에게 이치를 막게 하고, 김제군수 정담으로 하여금 웅치를 막게 했다. 정담은 전방 제일선의 고개 밑에는 의병장 황영을 배치하고 제2선인 중턱에는 나주 판관 이복남을 배치했으며, 제3선인 고개 위에서는 자신이 진지를 구축하고 적을 기다렸다. 동복현감 황진과 함께 이치와 웅치를 오가며 지세를 살폈고, 목책으로 진을 구축케 했다.

7월 8일, 수천 명의 왜군 선봉대가 조총을 쏘고 칼을 휘두르며 진격해 왔고 1군과 2군이 결사적으로 그들을 막았다. 잠시 후퇴했던 왜군은 전력을 보강한 뒤 총공격을 감행했고 1선

과 2선이 순식간에 무너지면서 제3선으로 몰려들었다. 정담은
백마를 타고 오는 적의 장수를 쏘아 넘어뜨렸지만 밀물처럼 밀
려오는 적을 막아내기는 역부족이었다.

　잠시 후 제2선인 나주 군사가 퇴각하자 정담은 고군으로
포위당했다. 부하 장수가 후퇴를 권하자 그는 "적병 한 놈을 더
죽이고 죽을지언정 차마 내 몸을 위해 도망하여 적으로 하여금
기세를 부리게 할 수는 없다"며 동요하지 않고 활을 쏘아 적을
맞추었다. 이윽고 왜적이 사방으로 포위하자 군사들은 모두 흩
어져버리고 정담은 힘이 다하여 전사했다. 이때 종사관 이봉도
함께 전사했다. 정담의 유해는 전쟁이 끝난 뒤 김제 군민들이
웅치에서 찾아냈다. 갑옷에 새겨진 이름을 보고 신원을 확인할
수 있었다. 퇴각한 이복남은 웅치 아래 안진원에 진을 쳤지만
적의 방비가 있음을 알고 감히 재를 넘지 못하고 그만두었다.

　이 전투에서 승리한 왜군은 조선군의 담력과 용맹에 감동
하여 웅치재에 흩어져 있던 조선 군사들의 유해를 모아 큰 무
덤을 만들고 그 위에 푯말을 세운 뒤 '조선국의 충성심과 의로
운 담기를 조문한다(吊朝鮮國忠肝義膽)'고 썼다. 웅치전투는 적
을 무찌르지는 못했지만 왜군이 전주성 점령을 단념케 하는 계
기를 만들었다. 당시의 상황이 《여지도서》 전주 편의 '산천' 조
에 다음과 같이 실려 있다.

웅현, 관아의 동쪽 47리 진안현과의 경계에 있다. 정유재란 때 김제군수 정담과 해남현감 변응정이 의병을 앞장서 이끌고서 고갯길을 차단한 채 하루 종일 크게 싸워 셀 수 없이 많은 자들을 죽였다. 날이 저물 무렵 화살이 모두 동나자 두 사람은 함께 죽었다. 그 나머지 의병 장사들도 모두 죽었는데, 몇인지 알 수 없을 정도로 많았다. 왜적들이 싸우다 죽은 사람들의 시신을 모두 모아다가 여러 개의 큰 무덤을 만들고 묻어주었다. 무덤 위에다 나무를 세우고 쓰기를 '조선의 충성스러운 마음과 정의로운 담력을 가진 영혼들에게 애도의 뜻을 표한다'고 했다.

치열했던 웅치전투 현장은 드넓게 펼쳐져 있어 정확한 위치를 찾지 못하고 있는데, 현재 곰치재 고갯마루에 기념탑이 세워져 그날을 증언해준다.

임진왜란 4대 대첩으로 꼽히는

이치대첩

웅치전투가 있은 지 한 달쯤 뒤인 1592년 8월 13~14일, 금산과 완주를 잇는 대둔산 자락의 이치에서는 진주대첩, 한산 대첩, 행주대첩과 함께 '임진왜란 4대 대첩'으로 꼽히는 큰 싸움이 벌어졌다. 산돌배나무가 있어 배티재라고도 불리던 이치는 높이 350미터의 고개로, 전주에서 고산현을 지나 충청남도 금산군 진산면으로 이어지던 길이다. 전라도 순찰사 이광은 광주목사 권율을 도절제사로 삼아 일본군을 막게 하고, 배티재는 동복현감 황진에게 맡겼다.

2000여 명의 일본군이 배티재를 향해 진격해 왔다. 웅치에서 적의 병력을 파악한 관군과 의병들은 요새를 미리 점령하고 기다리고 있었다. 황진의 부대는 최전방에서 나무를 사람 키만큼만 남기고 자른 뒤 그 뒤에 숨어 있었다. 상황을 모르는 왜군은 맹렬한 기세로 총공격을 펼쳤다. 형형색색의 군복을 입은 왜군들은 군마를 타고 창검을 번뜩이며 밀려왔고, 왜적이 치는 북소리로 산천이 들썩였다. 조선 병사들은 징 100여 개를 한꺼번에 치며 일제히 화살을 쏘았고, 목숨을 걸고 싸웠다. 불꽃 튀는 대접전 끝에 이치싸움은 조선의 대승리로 끝났는데 그때의 상황이 조경남이 지은 《난중잡록》에 다음과 같이 실려 있다.

> 금산의 적 수천 명이 진산에 들어와 불을 놓고 약탈하니 배치 복병장 공주목사 권율, 동복현감 황진이 군사를 독려하여 막아 싸우는데, 황진이 탄환을 맞아 조금 퇴각하는 바람에 적병이 진 채로 뛰어들었다. 우리 군사들이 놀라 무너지는지라 권율이 칼을 뽑아 들고 후퇴하는 아군을 베며 죽음을 무릅쓰고 먼저 오르고 황진도 역시 상처를 움켜쥐고 다시 싸워 우리 군사 한 명이 백 명의 적을 당하지 않은 자가 없으니, 적병이 크게 패하여 기계를 버리고 달아났다.

패색이 짙어지자 왜군은 염불을 외우기도 하고 총칼을 내던지고 도망치기도 했다. 왜군의 깃발이 금산 쪽으로 움직였고, 권율과 황진이 거느린 조선군은 왜군을 패퇴시켰다. 이 전투에서 조선군과 왜군이 막대한 피해를 입었는데 왜군 측의 피해가 더 컸다. 전투를 승리로 이끈 황진은 큰 부상을 입었기에 조선 병사들은 그를 업고 전주성에 입성했고, 전주성은 온통 잔치 분위기였다. 당시 조정에서는 호남마저 잃는 날에는 끝장이라며 개탄하다가 이 승리로 한숨을 돌렸다. 왜군은 이치전투

패배 후 전주를 중심으로 한 호남 점령의 꿈을 완전히 포기하고 남은 병력을 금산으로 집결시켰다.

당시 이순신 장군의 수군은 한산도 싸움에서 대승을 거두었다. 그때 일본군을 물리침으로 해서 곡창지대인 전라도가 보전될 수 있었고, 왜군의 식량 보급이 차단되어 조선을 지키고 왜군이 물러가는 계기가 되었다. 호남이 없었더라면 조선이 망

대둔산 고갯마루에 서 있는 황진 장군 이치대첩 추모비.

했을 것이라는 말은 웅치와 이치전투 때문에 나왔다. 이 여세를 몰아 권율 장군은 1593년 2월 행주대첩에서도 대승을 거두었다. "전투에는 50가지 방법이 있는 것이 아니다. 방법은 하나밖에 없다. 그것은 승리자가 되는 것이다." 앙드레 말로의 말이다.

이치 전적지 기념비는 대둔산 입구를 지나 금산 가는 길목의 휴게소가 있는 고갯마루에 서 있고, 기념관에는 권율의 초상화가 걸려 있다. 고종 때 세운 이치대첩비는 1944년 일제의에 의해 파손되어 일부분만 남아 있고, 새로 세운 기념비는 강암 송성용 선생이 글씨를 썼다.

교통 요지 삼례에서 열린 농민 대봉기
동학농민혁명 삼례 기포

조선시대에는 한양을 중심으로 하여 전국을 X자 형태로 잇는 9개의 간선도로가 있었다. 이 길을 이용해 왕명이 전달되고 사신과 물산이 오가고 청운의 꿈을 안고 과거를 보러 갔다. 전라도의 교통 요지는 삼례였다. 서울~통영 간 6대로인 통영대로가 지나는 길이고 서울~해남 간 7대로인 삼남대로의 중요한 길목으로 삼례도찰방°이 있었다. 1895년(고종 32년)까지 200여 개의 마방이 줄지어 있던 삼례의 마천다리는 찰방다리라고 불렸다. 그 이름이 남아 있는 것으로 보아 다리 부근에서 오늘날의 검문소 역할을 했을 것으로 보인다.

순조 때 우의정을 지낸 이서구가 전라도 관찰사가 되어 전주로 갈 때 이곳을 지나다가 세 번 절을 했다고 해서 삼례라고도 하고, 백제 때 거찰의 터로 고금을 통해 삼례 합장하는 곳이

● 찰방은 조선시대 각 도의 역참을 관장하던 종6품의 외관직을 말한다. 삼례도찰방은 12개 역을 관리했다.

라 하여 삼례라 이름 지었다고도 한다. 고려 때부터 조선 말엽까지 역마의 주둔지였으며, 전라도에서 한양으로 가기 위해서는 반드시 이곳을 거쳐야 했다.

1793년(정조 17년)에 편찬된 《호남읍지(湖南邑誌)》에도 삼례역은 호남을 왕래하는 교통의 요충지로 소개되어 있다. 호남지방 최대 규모로 조선 초기에는 종9품인 역승이 있었고, 문관으로 종6품인 찰방 한 명과 예하에 역리 596명, 노비 191명, 여자 종 51명, 일수 31명, 말 15필을 두었다고 한다. 부속된 역만도 12개나 되었다. 삼례가 그처럼 중요했던 이유는 서울에서 삼례까지의 거리가 500리였고 삼례에서 경상도 우수영이 있던 통영까지가 500리였으므로 딱 중간 지점에 해당했기 때문이다.

삼례리 원삼례 사람들의 말에 의하면, 가린멀이라고 부르던 가인마을 동부교회 앞에 세워져 있던 역대 관찰사와 찰방의 송덕비 수십여 기가 1956년경 삼례역 광장으로 옮겨졌다가 지금은 삼례도서관으로 옮겨졌다. 공덕비 중에는 암행어사를 지냈으며 두만강 건너편인 간도가 우리 땅임을 밝힌 비석인 정계비(定界碑)를 백두산 북쪽 기슭에서 찾아낸 어윤중, 전라관찰사를 지냈던 이도재의 영세불망비도 있는 듯 없는 듯 쓸쓸하게 서 있다. 이도재는 김개남을 즉결처분하고 동학농민군 색출에 혁혁한 전공을 세운 사람이었다.

이렇듯 중요한 지리적 위치 때문에 삼례에서 중요한 사건이 많이 일어났다. 1892년 10월 27일에는 최시형의 주도로 동학교도 수천 명이 모여 집회를 열었다. 최제우의 교조신원*과 관리들의 탐학을 호소하는 집회였다. 그해 11월 1일 각지 두령들은 포내(包內)의 교도를 거느리고 삼례역에 집합하라는 명령이 내려졌고, 다시 수천 명의 동학교도가 운집했다. 동학 창설 이래 처음 열린 대규모 집회였다. 우여곡절 끝에 전라감사 이경직은 동학교도들의 요구에 굴복, 관하 열읍에 공문을 돌려 동학교도에 대한 침학을 금지토록 명령했다. 교주 최시형은 이 사실을 알리고 통유문을 발하여 교도들을 해산시켰다.

1894년 9월 12일에는 외세를 몰아내고 봉건 잔재를 척결하기 위해 삼례에서 제2차 기포(起包)**를 열었다. 1월의 고부 농민봉기, 3월의 무장 기포, 5월의 전주화약이 반봉건 투쟁이었다면, 삼례 기포는 동학농민군이 왕궁을 침범하고 청일전쟁을 도발한 일본군과의 전쟁을 선포한 것과도 같았다.

전라도 53개 고을에 집강소를 설치하고 폐정개혁을 약속했지만 정부군은 약속을 지키지 않았고, 오히려 동학도들의 피해는 커져만 갔다. 대세를 지켜보던 전봉준이 전라도 각지에

- 1864년(고종 1년) 동학 교조 최제우가 혹세무민의 죄명으로 처형당한 뒤 동학교도들이 그의 죄명을 벗기고 종교의 자유를 얻기 위해 벌인 운동.
- 동학의 조직인 포(包)를 중심으로 한 봉기.

격문을 띄워 동학농민군 4000여 명을 삼례에 재집결시킨 때
는 9월 초순이었다. 이 소식을 들은 조정은 급히 군사를 모았
지만 규모나 기량이 동학군을 상대할 수준이 되지 않자 일본
군에게 도움을 요청했다. 이때 남북접*이 힘을 모아 서울로 진
격했더라면 농민군이 승리할 수 있었으련만 북접의 완강한 반
대로 농민군은 발이 묶이고 말았다. 남북접 회담은 결렬되었고,
북접 교단은 삼례에 모인 농민군을 토벌하려는 움직임까지 보
였다. 치열한 내분이 일어나는 동안 관군은 공주영을 선점했다.

오지영과 손병희의 중재로 타협에 이른 북접은 청산에서
집결해 호남 농민군과 합세하기로 했다. 최시형이 총동원령을
내렸고, 북접에서는 손병희를 중심으로 거병해 동학농민군은
남·북접을 따지지 않고 삼례로 모였다. 구름같이 몰려온 농민
군들이 집결했던 곳이 삼례 곰멀부락이었다. 농민군의 북상은
예정보다 한 달 늦은 10월 12일 이루어졌다. 무장과 군량 준비
에 시간이 필요했기 때문이라고 하는데, 이는 결과적으로 일본
군과 관군에게 진압을 준비할 시간을 주게 된다.

완주군 삼례도서관과 종합운동장 사이에는 '동학농민혁명

●   동학농민군은 2대 교주인 최시형을 중심으로 한 북접과 전봉준·김개남을 중심으
     로 한 남접으로 세력이 나뉘어 있었다. 북접은 충북 보은과 그 이북 지역, 남접은 호
     남 지역에서 활동했다.

삼례봉기 역사광장'이 조성되어 있다. 삼례 기포 당시 '삼례에
는 동학교도가 아닌 사람이 없다'는 말이 나올 만큼 많은 주민
이 참여했다는데, 그 말이 사실이라면 농민혁명이 실패한 후
삼례의 모든 집집마다 한 사람씩은 죽었을 것으로 추정된다고
한다.

문화유산이 뿔뿔이 흩어져버린
봉림사지

　　시간은 누구의 것일까? 사람의 역사로 이루어졌던 흔적들
이 상처투성이 탑으로, 깨진 기왓장으로, 눅눅한 바람 소리로
남아 있는 폐사지에 서면 시간의 비밀을 알고 싶은 충동에 사
로잡히게 된다. 하지만 폐사지는 말 없이 자리를 지킬 뿐이다.

　　완주군 고산면 삼기리 삼기초등학교 뒤편 나지막한 봉림산
서쪽 기슭에 세워진 봉림사 역시 통일신라 때 세워진 절로 추
측할 따름이지 언제 누가 세웠고, 언제 폐사되었는지를 확인할
길이 없다. 고구려 때 반룡산 연복사에 기거하던 보덕화상이
당시 실권자였던 연개소문이 불교 대신 밀교를 받아들이자 국
운이 다했음을 알고 신통력을 부려 하룻밤 새에 완주 고덕산의
비례방장으로 거처를 옮겼는데 훗날 그의 제자들이 세운 절 중
하나일 것이라는 설만 남아 있다.

　　봉림사 터라는 표지판 하나 세워지지 않은 이곳에는 무성
한 고추밭 가장자리에 감나무 한 그루가 무심히 서 있다. 하지

만 밭고랑이나 가장자리 여기저기에 천년의 세월을 비바람에 씻긴 기왓장들이 남아 있고, 길 아래 논 가운데에 캐내지 못한 채 박혀 있는 거대한 초석과 댓돌이 번성했던 봉림사의 이야기를 들려준다.

폐사지는 이 나라 어느 곳에나 널려 있다. 그런데 봉림사 폐사지가 유독 안타까운 이유는, 이곳에 있던 귀중한 문화유산들이 곳곳으로 뿔뿔이 흩어져 고향을 그리워하지만 돌아오지 못하고 있다는 사실 때문이다.

군산시 개정면 발산리에 큰 농장을 가지고 있던 시마타니 야소야라는 일본인이 자기 정원의 장식물로 쓰기 위해 석등(보물 제234호)과 오층석탑(보물 제276호)을 봉림사 터에서 옮겨간 것은 1940년대의 일이다. 몇 년 후 해방이 되고 시마타니 야소야가 일본으로 건너가자 농장 터에 발산초등학교가 들어섰다. 봉림사 유물들은 출처가 분명치 않은 30여 점의 석물들에 둘러싸인 채 초등학교 뒤뜰에 전시되어 있다.

1970년대 말까지 봉림사 터 가까운 곳 삼기초등학교에 있었던 삼존불상을 비롯한 여러 점의 불교 유물은 당시 전북대 박물관장이던 분이 밤중에 트럭으로 싣고 가 현재까지 전북대 박물관 앞을 장식하고 있다.

1995년 광복 50주년을 맞아 일본인들이 우리나라 산의 명혈이라고 알려진 곳에 꽂았던 쇠말뚝을 뽑고 중앙청을 철거하는 등 사업이 진행되었지만, 발산초등학교에 서 있는 20여 점의 불교 유물들에 대해서는 누구도 말하지 않았다. 유물을 설명하는 표지판에는 '완주 봉림사지 석등과 석탑'이라는 정확한 내용이 아니라 '군산 발산리 석등, 석탑'이라고 쓰여 있다.

전북 지역의 뜻 있는 사람들이 오랜 세월을 두고 그 유물들을 원적지나 전주국립박물관으로 옮겨야 한다고 여러 기관에 진정했는데도 이행되지 않는 사이, 절터는 발굴되지도 못한 채 17번 국도가 그 자리를 지나가고 말았다.

대둔산이나 금산 가는 길에 또는 그윽한 절 화암사 가는 길에 폐사지 봉림사 터에 들러 아름다운 문화유산인 석등과 석탑을 비롯한 불교 유물들을 만나볼 수 있다면 얼마나 좋은 답사 여행이 될까? 일제 잔재 청산작업은 말이나 거창한 구호로 되는 것이 아니다. 일제가 강제로 옮겨 제자리를 찾지 못하고 있는 유물들, 서울 국립박물관 앞에 모셔져 있는 문화유산들을 원적지로 되돌려놓는 일 또한 일제 청산작업이 될 것이다.

봉림사지 오층석탑은 고려시대의 탑으로 지금은 4층까지만 남아 있다. 기단은 신라 석탑처럼 2중인데 상층 기단에는 추주와 탱주가 각출되어 있고 상대 갑석은 4매의 돌로 구성되어 있다. 몸돌에는 우주를 새기고, 지붕돌의 3단 층급 받침은 낙수면이 급하고 추녀 끝이 위로 들려 고려 탑의 특징을 보여준다. 상륜부에는 보개와 다섯 개의 보륜이 옛 모습 그대로 남아 있다.

봉림사지 석등은 지대석과 하대석이 한 개의 돌로 되어 있다. 네모난 지대 위에 훈영의 하대를 마련하고 여덟 장의 복판 목련을 새겼다. 둥근 원기둥의 기둥돌에 이빨, 수염, 발톱이 뚜렷한 용이 구름을 타고 올라가는 모습이 새겨져 있고, 여덟 장의 양련이 조각되어 있는 상대석 위에 화사석이 얹혀 있다. 화창의 좁은 면에 마귀를 밟고 있는 사천왕상이 조각되어 있는데, 사천왕상이나 운룡이 조각되어 있는 예는 우리나라에서 찾을 수 없기 때문에 아주 귀중한 문화재다.

고향을 떠난 석탑과 석등이 이 절터로 되돌아와 환하게 불을 밝힐 그날은 언제쯤일까?

자연 속으로

위대한 어머니의 산
모악산

　완주와 전주, 김제 시민들이 가장 많이 오르는 모악산에 가
는 길은 몇 개의 코스가 있다. 금산사를 거쳐 구이로 빠지는
길, 중인리로 해서 금산사로 가는 길, 구이에서 모악산 너머 금
산사로 가는 길 등이다. 모악산이 시작되는 완주군 구이면 상
학마을은 시골 장날처럼 북적댄다. 무등산이 빛고을 광주 사람
들의 마음의 고향이듯, 모악산은 전주와 그 일대 사람들에게
산 이름 그대로 '위대한 어머니의 산'이기 때문이다.

　산 정상 서쪽에 자리 잡고 있는 '쉰질바위'라는 커다란 바
위의 형상이 아기를 안은 어머니 같아 이름 지어졌다는 모악
산은 김제군과 완주군에 걸쳐 있는 높이 739미터의 평지 돌출
산이다. 지금은 잔솔과 앉은뱅이 진달래, 머루, 다래, 으름, 벗
나무, 상수리나무만 채워진 밋밋한 산이지만 예전에는 숲이 울
창하고 산세가 수려해 정기 어린 산으로 계룡산과 어깨를 겨루
었다. 1907년 도립공원으로 지정되었고 모악산 금산사의 봄,

변산반도의 여름, 내장산의 가을, 백양사의 겨울 풍경이 '호남
사경'으로 손꼽혔다.

　모악산에는 명당자리가 많다. 그중 가장 유명한 곳이 김일
성의 '시조'가 묻혔다는 묘다. 선녀폭포를 지나 대원사로 가기
전 좌측으로 난 산길을 따라 오르면 무당들의 굿당터가 있다.
징과 꽹과리 소리가 그칠 날이 없는 곳이다. 그곳에서 좌측으
로 올라가면 김일성 주석의 시조 김태서 공의 묘가 나타난다.

　오래 전《터》라는 풍수지리 책을 지은 육관도사가 그 묘를
'미좌축향'이라 일컬으며 49년 동안 절대권력을 행사할 권력
자가 나올 지기가 있다고 했었다. 하지만 그 터의 기력이 다하
는 1994년에는 권력자의 운명도 다할 것이라고 예언했던 바,
그의 예언대로 김일성 주석은 그해 7월 8일 새벽 2시에 사망
하고 말았다. 그 사실이 매스컴에 보도된 후 묘를 찾는 사람이
많아지자 인근 면사무소에서 안내판을 설치했다가 모처의 압
력으로 철거하는 웃지 못할 일도 있었다.

　모악산은 규모에 비해 가파른 편이다. 졸졸 흐르는 시냇물
소리를 들으며 한참 오르면 만나는 절 대원사는 모악산의 허리
에 자리 잡고 있다. 대한불교 조계종에 딸린 자그마한 절이다.
고구려에서 백제로 귀화한 열반종의 개산조인 보덕의 제자 일
승, 심정, 대원 등이 670년(문무왕 10년)에 창건했다. 열반종의

교리를 배운 뒤 스승이 있는 경복사를 바라볼 수 있는 위치에 절을 지었다고 한다. 고려 1066년(문종 20년)에 원명이 중창하고 1374년에 나옹이, 1612년에 진묵이 중창해 오늘에 이르고 있다. 대웅전과 명부전·산신각·승방·객실 등의 당우가 있고, 삼존불상 앞에는 괴목으로 만든 목각 사자상(전라북도 민속자료 제9호)이 있다. 진묵이 축생들을 천상으로 천도하기 위해 목각 사자상을 만든 뒤 그 위에 북을 올려놓고 쳤다고 한다.

대원사에서부터 정상으로 가는 길은 가파르기 그지없지만 맑은 날 정상에 서면 큰 감동을 느낄 수 있다. 북으로 운장산·만덕산이 보이고, 시계 방향에 따라 덕유산·덕태산·장안산·회문산·상두산·내장산의 연봉들이 첩첩이 포개져 달려온다. 서쪽에서는 '징계맹경외애밋들' 너머 서해바다가 어서 오라 손짓할 것이다.

모악산을 두고 풍수지리학자인 최창조 선생은 《좋은 땅이란 어디를 말함인가》라는 책에 다음과 같은 글을 남겼다.

야지의 풍성한 땅, 들판의 땅, 맺힌 것이 많은 땅에서 그들의 고통을 피해 그들이 과거 문화의 원형을 형성시켰을 산의 위대한 어머니의 품으로, 무의식간에 뿌리를 내렸을 산으로 모여든 것이다. 여기서 산이 지니는 의미는 점진적으로 탈속의 상징성을 띨 수밖에 없는 것이다. 전라도에 새로운 세상의 도래를 믿으며, 혹은 바라며 모여든 산의 종교적 송상은 이러한 외애밋들의 특성으로부터 나온 것이다.

전라도의 풍토성을 아주 간결하게 설명한 글이다. 전라도 땅을 한눈에 굽어볼 수 있는 모악산에서 우리나라의 중요한 민족민중사상이 여럿 탄생했다.

이렇게 유서 깊고 아름다운 모악산에 1995년 9월 초 무분별한 개발 바람이 불었다. 김제와 완주 두 지자체가 모악산 자락에 관광단지 조성을 목표로 대대적인 개발을 할 예정이라는 보도를 접했다. 김제시는 김제개발공사에 맡겨 2만여 평의 땅에 162억 원을 들여 모악랜드와 각종 위락시설을 1997년까지 건립한다고 했다. 완주군은 32억 원을 들여 주차장과 상가, 기반시설을 조성한다고 했다.

모악산이 어떤 산인가? 신라시대 진표율사가 미륵사상을 꽃피웠던 곳이고 정여립의 대동사상이 펼쳐졌던 곳이다. 1894년 일어난 동학농민혁명의 진원지 중 한 곳이며 증산 강일순이 깨달음을 얻어 화엄적 후천개벽사상을 펼쳤던 곳이 아니던가!

나는 곧바로 전북환경운동연합에 전화를 걸어 다른 단체들과 연합하여 모악산 살리기 운동을 전개하기로 했다. 지방자치단체들이 재정 확보를 명분으로 무분별하게 개발할 경우 돌이킬 수 없는 환경 재앙이 염려된다는 데 의견이 모아졌다. '모악산은 도민의 휴식처일 뿐만 아니라 주민들의 삶에 영향을 끼친

172

역사성을 지닌 산이므로 자연과 조화를 이룬 최소한의 개발만 하라'는 요지의 보도자료를 만들어 각 언론사에 배포했다. 지역신문은 물론이고 동아일보와 한겨레신문에도 '모악산을 살리자'는 보도가 나갔다.

타 지역에서 온 답사팀의 안내를 맡아 답사를 진행하고 집으로 돌아온 어느 날, 아침부터 김지하 선생에게서 여러 차례 전화가 걸려왔다고 했다. 전화를 드렸더니, 모악산을 살리자는 보도가 나오기 전날 밤 꿈속에서 시 한 수를 받았으니 그 시를 보내겠다고 했다. 아래 시가 선생이 새벽에 취한 듯한 몽롱함 속에서 영감(靈感)으로 받은 강시의 전문이다.

객망오만리(客望五萬里)
모악일초심(母岳一楚心)
황토증산식(黃土甑山食)
가멸칠산해(可滅七山海)

모악을 훼손하면 칠산 바다가 검게 물들 것.
이리(裡里)는 이것을 막고, 계룡(鷄龍)은 뒤로 서라.
나는 전주 모악산이 이 땅의 성산 중의 하나임을 안다.
알면서 그 파괴를 묵과할 수 없다.
길은 모악으로 날 수 없다.
모악은 영태(靈胎)를 모셨다.

어머니 배를 가를 셈인가?

증산 선생을 불망하여 다만 삼가라.

〈모악산 개발을 우려한다〉는 제목의 이 시가 전북일보에 실렸고, 그 힘을 받아 모악산을 지키자는 운동을 전개해 무분별한 개발을 막을 수 있었다.

선인들은 산을 신령스런 존재로 여겼다. 옛 사람들은 산에 들어가는 것을 정복한다는 뜻의 등산(登山)이라고 하지 않고 잠시 들어갔다 나온다는 뜻으로 입산(入山)이라고 했다. 산에

모악산 허리에 자리 잡은 작은 사찰 대원사.
대원사에서부터 산 정상으로 가는 길은 가파르기 그지없다.

들어갈 때에도 그곳에 살고 있는 미물들이 행여 놀랄세라 발걸음도 조심조심 들어갔고 대소변도 받아 가지고 나왔다고 한다.

그런데 현재는 어떠한가? 자연에 대한 외경심은커녕 '인간은 만물의 영장'이라는 미명 아래 산이고 강이고 인간 마음대로 개발하는 어처구니 없는 일이 자행되고 있다. 자연은 인간의 미래다. 공존하면서 섬겨야 인간의 미래가 있다.

불꽃 같은 바위와 금강계단
대둔산과 안심사

우리나라 사람들은 예로부터 아름다운 산의 최고봉으로 금
강산을 꼽았다. 그래서 어느 지역을 가도 산은 금강산, 바다는
해금강에 비유해 아름다움을 설명한다. 완주군 운주면에 있는
대둔산은 '호남의 금강산'으로 알려져 있다. 전북에 속한 산세
는 불꽃처럼 타오르는 모습의 기암괴석이 숲을 이루고, 충남에
속한 산세는 울창한 숲과 골짜기가 아름답다. 가을 대둔산은
특히 아름답다. 울긋불긋한 단풍 사이로 나름의 질서를 지키며
하늘을 찌를 듯 서 있는 기암괴석을 바라보면 한국의 가을산이
얼마나 가슴을 두근거리게도 하고 서늘하게도 하는지를 깨닫
게 된다. 전라북도 도립공원인 대둔산은 등산로가 잘 갖추어져
있고 산장·케이블카 등이 설치되어 누구나 어렵지 않게 오를
수 있다.

이곳 대둔산에서 동학농민혁명의 마지막 전투가 벌어졌다.

전봉준을 비롯한 동학군은 1894년의 패배로 활동을 멈췄지만, 살아남은 동학군은 대둔산 자락에서 마지막 결사항전을 벌였다. 1895년 2월 17일 일본과 조선 연합군은 '대둔산에 있는 적괴를 토벌하라'는 특명을 받았다. 연합군은 새벽 5시에 농민군의 근거지를 습격했다. 삼면이 큰 바위로 둘러싸여 있는 초가 세 채에 26명의 동학군과 임산부, 어린 소년들이 숨어 있었다. 그들은 마지막까지 저항하다가 장렬하게 최후를 맞았다.

아픈 상처를 간직한 대둔산 자락에는 부처님의 사리를 봉안한 금강계단(보물 제1434호)이 있다. 대한불교조계종 제17교구의 본사인 금산사의 말사로 자장율사가 638년(신라 선덕여왕 7년)에 창건한 안심사에 있는 금강계단은 사찰에 전해 내려오던 부처님의 진신사리 1과 및 신골사리 10과 등을 봉안하기 위해 명응 스님이 시주를 받아 1759년(영조 35년) 5개월에 걸쳐 세웠다. 전각을 건립할 때 영조가 친히 글씨를 써 보냈고 이 글씨를 보관하기 위한 어서각도 함께 건립했다. 부도는 높이 175센티미터, 탑신 둘레 315센티미터의 석종형이며 지대석은 연화문으로 장식했고 상륜으로 보주(寶珠)를 올려놓았다. 사방에 네 분의 호위석상이 저마다 다른 크기와 표정을 짓고 금강계단의 부처님 사리탑을 지키고 있다. 다른 사찰에서 쉽게 볼 수 없는 보물이어서 가치가 더 크다.

안심사는 완주의 가장 북쪽, 충청도 땅인 논산시 양촌면에 가깝기 때문에 전주나 완주 사람들이 잘 모른다. 사적비에 의하면 대웅전과 약사전 등 30여 개의 당우와 석대암·문수전 등 12개의 암자가 부속된 큰 절이었다고 한다. 한국전쟁 때 모두 소실되고 소규모의 인법당만 남아 있었으나 1991년 적광전과 요사를 건립하면서 인법당을 해체했다. 1995년에는 일주문과 법화불교대학을 세우고 산내 암자인 약사암의 법당을 건립했다.

안심사에는 영조 때 주조한 조선 동종에 대한 사연도 전해진다. 일제 때 공출되었던 문화재들을 1945년 해방 후 대전역에 전시해두고 찾아가도록 했다. 금산군 진악산 보석사의 스님이 동종을 모셔갔는데, 훗날 안심사 주지가 동종이 보석사에 있다는 사실을 알고 찾으러 갔으나 돌려달라는 말문이 열리지 않아 그냥 돌아왔다. 며칠 뒤 동종을 가슴에 안고 돌아오는 꿈을 꾼 주지는 현몽이라 생각하고 지역 주민들과 같이 보석사를 다시 찾아가 주지스님을 설득한 결과 종을 찾아올 수 있었다.

무릇 지극한 도(道)는 형상 밖의 것도 포함하나니 눈으로 보아도 그 근원을 보지 못하고, 장중한 소리가 천지간에 진동하여도 그 메아리를 듣지 못하는도다. 이런 까닭에 가설을 세워 오묘한 이치를 보게 하듯이 신종을 걸어 부처의 음성을 깨닫게 하노라.

경주박물관에 있는 성덕대왕신종(에밀레종) 명문에 실린 글
이다. 대둔산 자락을 넘어 온 누리로 퍼져 나가던 안심사 동종
소리가 지금도 귀에 생생하기만 하다.

대둔산 자락의 안심사는 자
장율사가 638년 창건한 사찰
로, 현재는 금산사의 말사다.

안심사에 있는 금강계단은
부처님의 사리를 봉안한 곳
으로, 다른 사찰에서 쉽게 볼
수 없는 귀한 보물이다.

위봉사와 위봉폭포를 품고 있는

위봉산성

송광사에서 오송리를 지나 구불구불한 뱀재를 올라가면 고
갯마루에 고즈넉하게 서 있는 산성이 있다. 위봉산성이다. 우
리나라에는 1300개 정도의 산성이 남아 있지만 이름이 알려
진 것은 많지 않다. 외세의 침입에 대비한 방어물로 성을 쌓았
기에 굳이 이름을 붙일 필요가 없었을지 모른다. 보은의 삼년
산성, 경기도 광주의 남한산성, 고양의 북한산성, 그리고 단양
의 온달산성 정도가 이름이 전해지는 산성이다. 그런 의미에서
완주군 소양면의 위봉산성은 특별하다.

위봉산성은 숙종 원년(1675년)에 태조 이성계의 초상화를
모시기 위해 세운 산성이다. 임진왜란과 정유재란, 병자호란을
겪으면서 전주 경기전에 모신 이태조의 영정과 왕조실록이 여
러 번 피신하는 수난을 겪었다. 정읍 내장산의 용굴암, 경기도
강화, 평안도 묘향산, 무주 적상산성 등지로 옮겨 다녔다. 전라

감사 겸 부윤 권대재는 이런 불편과 위험을 막고자 전주에서 가깝고 지형이 험한 위봉산을 골라 성을 쌓은 뒤 행궁을 짓고 유사시 태조의 영정과 위패를 모시자고 제안했다. 둘레 8539 미터, 높이 1.8~2.6미터인 산성은 고개 너머의 위봉마을을 안고, 경사가 심한 도솔봉과 장대봉을 한 바퀴 돌아 감쌌다. 영조 때 쓰여진《문헌비고》에 실린 위봉산성의 내력을 보자.

전주읍의 동쪽 40리에 있다. 돌로 쌓았으며 둘레가 5097파(把) 이고 성가퀴, 곧 여장이 2437개다. 안에는 우물 45곳, 물을 가 두는 방죽 9곳, 염산(鹽酸) 1곳이 있다. 숙종 원년에 쌓았다.

실제로 1894년 4월 동학농민운동 때 전주부성이 함락되자 판관 민영승이 태조의 영정과 위패를 위봉산성 안에 있는 위 봉사 경산 스님에게 맡겨 두고 공주로 도망쳤다.《일성록》에는 동학농민군이 전주성에 입성했다는 소식을 접하고 고종이 남 긴 글이 소개되어 있다.

동학군들이 창궐하여 전주부에 침입하였다는데 실로 전주는 경기전과 조경묘를 모신 곳이 아닌가. 비록 전보가 왔으나 위 패와 영정을 어느 곳에 모셨는지 알 수 없으니 밤낮으로 걱정 뿐이며 놀랍고 죄송스러울 뿐이로다.

영정은 대웅전 법당 안에 부처님과 함께 무사히 안치되었다. 이 소식을 들은 고종은 도신에게 명하여 위안제를 지내도록 했다. 위봉산성은 일부 성벽을 제외한 성벽과 성문, 포루, 암문 등이 잘 보존되어 있다.

《대동지지》에 의하면 당시 위봉산성 안에는 14개의 절이 있었다고 하는데 지금은 다 사라지고 위봉사만 남아 있다. 1868년 포련화상이 쓴 〈위봉사 극락전 중수기〉에 의하면 신라 말기 최용각이라는 사람이 산천을 주유하다가 이곳에 이르자 숲에서 세 마리의 봉황이 노닐고 있어 그 자리에 절을 지었다고 한다. 그 뒤 1359년(고려 공민왕 8년)에 나옹 스님이 절 주변이 경승지임을 알고 크게 중창했는데, 당우 28동에 암자가 10동이나 되는 대가람이었다. 1911년에는 전라북도 일원의 46개 사찰을 관할했다. 여러 번의 화재로 인하여 규모가 작아진 위봉사는 현재 금산사의 말사로, 법당인 보광명전(보물 제608호)과 요사채(전라북도 유형문화재 제69호), 삼층석탑 등이 남아 있다.

위봉사에서 동상저수지 방면으로 내려가는 길에 위봉폭포가 있다. '전북 천리길'의 완주 구간 노선인 '고종시 마실길'에 포함되는 곳으로, 조선 후기의 판소리 명창 권삼득 선생이 득음한 장소로 유명하다. 전망대에 서면 60미터 높이에서 2단으

위봉산성 안에는 14개의 절
이 있었다고 하는데 지금은
위봉사만 남아 있다.

위봉폭포는 조선 후기의 판
소리 명창 권삼득 선생이 득
음한 장소로 유명하다.

로 쏟아지는 폭포가 두 줄기 명주 실타래를 늘어놓은 것만 같
고, 나무 계단을 밟고 내려가면 주변 기암괴석과 숲이 한데 어
우러져 완산팔경의 위엄을 느끼게 한다.

　침침했던 정신이 비상할 듯 깨어나는 충동을 느끼며 '더 높
이 오르기 위해서 몇 걸음 아래로 물러서리라' 마음먹고 돌아
서는데, 낙수 소리에서《혼불》의 한 구절이 들려오는 듯했다.

　서러운 세상의 애끓는 애(愛) · 오(惡) · 욕(欲)과 회로애락(喜怒
　哀樂) 굽이굽이 몸부림치며 우는 하소연, 지그시 듣고 계시는
　것인가. 내 다 들어주마. 내 다 들어주마. 피 토하고 우는 사연,
　내 다 들어주리니.

바위벼랑 위의 공중누각

화암사

완주군 불명산 자락에 자리 잡은 아담한 사찰 화암사는 고적하면서 운치 있다. 그림처럼 아스라한 화암사 가는 길의 정경이 〈화암사 중창기〉에 다음과 같이 실려 있다.

절은 고산현 북쪽 불명산 속에 있다. 골짜기가 그윽하고 깊숙하며 봉우리들은 비스듬히 잇닿아 있으니, 사방을 둘러보아도 길이 없어 사람은 물론 소나 말의 발길도 끊어진 지 오래다. 비록 나무하는 아이, 사냥하는 남정네라고 할지라도 도달하기 어렵다.

그렇게 오르기 힘들었던 바위벼랑 아래 철 계단을 만들어 옛길을 오르는 사람만이 그 정취를 떠올릴 수 있도록 했다. 세월의 이끼 앉은 나무들이 하늘을 가린 오솔길에는 맑은 시냇물이 흐르고 작은 폭포들이 연이어 나타났다. 사람의 발길이 전혀 닿지 않은 듯한 산길을 한참 올라갔다. 요란스레 물소리가 들렸다. 눈을 들어보니 70여 미터쯤 높이로 깎아지른 절벽 위에서 떨어지는 폭포 소리였다. 계단을 다 오르면 바로 오른쪽에 우화루가 보인다.

화암사는 선덕여왕이 이곳 별장에 와 있을 때 용추에서 오색찬란한 용이 놀고 그 옆의 큰 바위에는 무궁초가 환하게 피어 있어 바로 절을 짓고 이름 붙였다고 전해진다. 하지만 진덕여왕 때 일교국사가 창건했다는 설도 있고 신라가 삼국을 통일한 뒤 원효와 의상대사가 이곳에서 수행했다는 기록도 있는 등 창건 시기나 인물이 정확하지는 않다.

이후 조선 1425년(세종 7년)에 전라관찰사 성달생의 뜻에 따라 주지 해총이 1429년까지 4년에 걸쳐 중창하면서 대가람의 면모를 갖춘다. 임진왜란을 겪으며 극락전과 우화루를 비롯한 몇 개의 건물만 남고 모조리 소실되었다가 훗날 명부전과 철령재, 산신각 등의 건물을 다시 지었다. 해총 스님의 제자들이 직접 흙을 빚어 만든 기와가 600여 년의 세월이 흐른 지금까지 한 조각 흠도 없이 얹혀 있는 것도 특징적이다.

극락전(국보 제316호)은 중국 남조시대에 유행하던 하앙식으로 지어진 우리나라 유일의 목조 건축물이라서 건축학을 공부하는 사람들의 필수 답사처다. 형태는 정면 3칸, 측면 3칸에

맞배지붕이고 중앙문은 네 짝, 오른쪽과 왼쪽 문은 세 짝으로
된 분합문이다. 1미터 정도로 높은 기단 위에 남쪽을 향해 세
웠고, 조선 초기에 지어진 것으로 추정된다. 후불탱화와 불좌대
및 업경대, 동종(전라북도 유형문화재 제40호)이 보존되어 있다.

　'꽃비가 내린다'는 멋진 이름을 갖고 있는 우화루(雨花樓, 보
물 제662호)는 밖에서 보아도 안에서 보아도 아름다워 한없이
머물고 싶어지는 곳이다. 극락전과 같은 시기에 세워진 것으로
추정되고 정면 3칸, 측면 3칸의 다포계 맞배지붕인 누각형 목
조 건물이다. 대웅전을 바라보고 있는 전면 기둥들은 2층이고
계곡을 바라본 후면은 축대를 쌓은 후 세운 공중누각 형태다.
오랜 세월 자리를 지키고 있는 목어가 그림처럼 걸려 있다.

　우화루에서 나와 적묵당 마루에 몸을 내려놓는다. 극락전
과 우화루를 만든 사람들은 누구였을까? '한 건축물에서 보아
야 할 것이 세 가지가 있다. 적절한 자리에 서 있는가? 안전하
게 기초가 되어 있는가? 잘 지어져 있는가이다.' 괴테의《친화
력》에 실린 글이 새삼 다가오는 절집이 화암사다.

187

화암사 목어가 그림처럼 걸
려 있다.

화암사 가는 길. 사람들의 발
길이 닿지 않은 듯한 산길을
한참 올라가야 하는, 쉽지 않
은 길이다.

마음을 비워주는 역사산책

봉서사와 송광사

전북 완주군 소양면에 있는 서방산(612미터)과 종남산(608
미터)은 인근 산봉우리를 연계해 정복할 수 있어 산악인들에
게 인기 있는 등산 코스다. 두 산 다 정상의 풍광은 잡목에 가
려 내세울 게 없지만 봉서사와 송광사라는 매력적인 사찰을 품
고 있으니 등산과 사찰 순례를 적절히 섞어 다녀올 만하다. 마
음을 비우고 사찰에 얽힌 옛 이야기를 음미하다 보면 이런저런
생각들이 정리되는 곳이다.

서방산 중턱에 자리 잡은 봉서사는 대한불교 조계종 17교
구 본사인 금산사의 말사로 신라 727년(성덕왕 26년)에 창건했
다. 고려시대에 보조국사 지눌과 나옹 스님이 중창한 이 절을
찾았던 이규보는 〈봄날 산사를 찾아서〉라는 시 한 편을 남겼다.

따스한 봄볕 새들은 지저귀는데,

수양버들 그늘 아래 문이 살포시 열려 있네.
뜨락에 가득 핀 꽃 향에 스님은 취해 누웠네,
산골은 마을 그대로가 태평세월이로다.

그 뒤 조선 중기인 선조 때 진묵 스님이 중창한 후 이곳에 머물러 전국승려대조사(全國僧侶大祖師)로 추앙받으면서 중생을 교화했다. '석가의 소화신'이라 불리던 진묵대사는 김제 만경 태생이다. 선으로 마음을 가라앉히고 불경을 읽는 일로 일생을 마친 그의 행적은 전설로 남아 세상에 떠돌아 다녔다. 오랜 세월이 지난 뒤, 은고 김기종이 전해오는 이야기를 모아 초의대사에게 전기를 쓰게 했는데 바로 《진묵대사 유적고(震黙大師遺蹟考)》다. 진묵대사와 오랜 교분을 맺었던 유학자 봉곡 김동준이 일기에 '이 분은 중이기는 하나 유림의 행동을 하였으니 슬픈 마음 참을 수 없다'라고 쓴 것으로 보아 진묵대사는 승려로서 불경뿐만 아니라 유학에도 조예가 깊었음을 알 수 있다.

봉서사에는 진묵 스님의 승탑이 남아 있는데 지금도 계속 돌면서 커지고 있다는 설이 있다. 1945년까지 제법 큰 규모를 자랑하던 봉서사는 한국전쟁 때 대웅전 · 관음전 · 칠성각 · 동루 · 서전 · 일주문 · 상운암 등의 건물이 완전히 소실되어 폐사했다. 1963년 호산 스님이 대웅전과 요사채를 중건하고, 1975년 삼성각과 진무전을 신축했으며, 근래에 여러 건물과 부도전 및 약수터를 새롭게 단장했다.

종남산을 병풍처럼 두르고 선 송광사는 신라 867년(경문왕 7년) 도의선사가 창건하고 고려 중기의 보조국사 지눌이 중창했다고 전해진다. 임진왜란과 정유재란을 겪으며 완전히 불타 버렸다가 1622년(광해군 14년) 운전·승령·덕림 등이 전주에 사는 이극용의 희사로 중창한 뒤 벽암대사를 초청해 50일 동안 화엄법회를 열었다. 그때 전국에서 수천 명이 모여들어 시주를 하였으므로 1636년(인조 14년)에 이르기까지 큰 공사를 벌여 대가람을 이룩했고, 인조로부터 '선종 대가람'이라는 시호를 받았다. 1636년 세운 〈송광사 개창비〉에 당시의 모습이 표현되어 있다.

백 리 밖 기름진 들판을 빙 두른 전각은 크고 높고 곁채는 길게 뻗었다. 문과 전각은 크고도 깊다. 층층이 높은 건물을 드러내고 담을 둘러싸니 높은 것은 하늘과 만나고, 내려 보면 냇물에 담긴다. 우뚝 솟아 흐르는 산줄기는 웅장하고 심원하다. 건물은 넓고 아름다워 한 나라의 으뜸이었다.

당시 송광사 대웅전은 부여 무량사의 대웅전처럼 2층 건물이었고, 일주문은 남쪽으로 3킬로미터 지점에 있는 만수교 앞 나들이라는 곳에 세워졌다고 한다. 현재 남아 있는 건물은 철종 8년에 지은 대웅전(보물 제1243호)과 천왕문(보물 제 1255호), 십자각이라고 부르고 있는 종루(보물 제1244호)와 더불어 명부전 · 응진전 · 약사전 · 관음전 · 칠성각 · 금강문 · 일주문 등이 있다.

일주문과 금강문을 넘어서면 사천왕문에 이른다. 흙으로 빚어 만든 사천왕상은 높이 4미터가 넘는 거대한 규모로, 광목 천왕이 쓰고 있는 보관의 뒷면 끝자락에 남아 있는 '순치 기축 육년 칠월 일필'이라는 먹글씨가 주목을 받았다. 1649년에 만든 것임을 증언하는 이 글씨로 조선시대에 만들어졌던 소조사 천왕상의 기준을 얻을 수 있었기 때문이다. 소설가 최명희는 대하소설《혼불》에서 이 송광사 사천왕을 도환의 입을 빌려 다음과 같이 묘사했다.

과문한 탓인지 모르겠으나 소승이 보기에는 완주 송광사 사천 왕이 흙으로 빚은 조선 사천왕 가운데 가장 빼어난 조형으로 서, 높이 삼십척의 위용도 웅장하고 그 신체 각 부위 균형이며 전체 조화가 놀랍도록 알맞게 어우러져 큰 안정을 이루고 있었 습니다.

천왕문을 지나면 넓은 뜰이 나타나고 그 너머에 대웅전이 우람한 실체를 드러낸다. 이 대웅전 천장에 그려진 비천도를 보고 전문가들은 송광사가 '민중예술을 끌어안았던 사찰'이라 고 말한다. 천상계의 춤사위와 악기를 연주하는 민화풍 불화를 11점이나 대웅전에 그려놓은 사찰은 이곳 말고는 없었다.

석가세존과 약사여래, 아미타여래 삼존불은 높이 5미터가

넘는 거대 불상으로 국내에서 가장 큰 소조불이다. 나라 안에

연꽃이 피는 계절에는 그윽
함이 더해지는 송광사.

송광사 대웅전 천장에 그려진 비
천도는 이곳이 민중예술을 끌어안
았던 사찰임을 보여준다.

큰일이 있을 때마다 땀을 흘린다고 알려져 있고, 세 불상에서 똑같은 내용의 '불상조성기'가 발견된 것도 이채롭다. 병자호란으로 붙잡혀간 사도세자와 봉림대군이 속히 돌아오게 해달라는 내용이다. 불상조성기 서두에는 '숭정(崇禎) 14년'과 '숭덕(崇德) 6년'이라는 글이 나란히 쓰여 있다. 숭정은 명나라 연호이고 숭덕은 청나라 연호다. 저물어가는 명나라와 기세를 부리는 청나라의 눈치를 보던 상황임을 짐작할 수 있다.

대웅전에서 바라보면 남서쪽에 종루가 있다. 우리나라 전통 건축에서는 찾아보기 힘든 십자각으로, 12개의 기둥을 사용해 2층 누각 형태를 갖춘 건물이다. 안에는 1716년(숙종 42년)에 주조된 범종과 법고, 목어 등이 있다. 그 십자각을 본 따 경남 통영의 미륵섬 미래사에서도 십자각을 지었다. 어느 시대에나 독창적인 사람이 존재하고 그 독창성이 시대의 거울로 남아 역사를 발전시키는 원동력이 되는 것이다.

송광사라 하면 전남 순천에 있는 조계산 송광사를 먼저 떠올리는 까닭에 종남산 송광사는 전주 사람들도 모르는 이가 많다. 도시 근교에 그윽이 숨어 있으면서 볼거리, 생각거리도 많이 주는 절이다.

불심으로 다시 세운
원등사

완주군 소양면에서 진안 가는 길목에 위치한 화심(花心)이라는 마을은 지형이 꽃 속처럼 생겨 그 이름이 붙었다. 마을에서 비롯된 '화심 순두부'는 나라 안에 명성이 자자하다. 화심 남쪽에는 해월(海月)리라는 마을이 있다. 바다도 아닌데 웬 해월? 동학 2대 교주인 해월 최시형 선생의 자취가 남아 있는 것은 아닐까? 그런 의문을 안고 한글학회에서 펴낸《한국지명총람》을 찾아보니, 마을 뒷산이 바다에서 떠오르는 달의 형국이라 하여 해월리라 지었다고 한다.

해월리의 원등산(청량산이라고도 부른다) 정상 부근에 원등사가 있다. 원등사로 가는 길은 전북체육고등학교 뒤쪽으로 나 있는데 멀고 가파르다. 그나마 지금처럼 번듯한 길이 난 것이 1990년대라고 하니, 절 한 번 다녀오기가 얼마나 어려웠을까 싶다. 끊어질 듯 끊어질 듯 이어지는 길은 원등폭포 옆에 서서 내려다보면 한폭의 그림처럼 아름답다. 천 년의 세월 속에 이 길을 오르내렸을 사람들은 누구였을까? 지금은 어느 곳에서 이 길을 회상하고 있을까?

깎아지른 벼랑에 올라앉은 원등사는 신라 때 보조선사가 창건한 절이다. 신라 말 이곳에 왔던 고려의 진각국사 혜심이 〈원등난야(遠燈蘭若)〉라는 시를 써 《무의자시집(無衣子詩集)》에 남겼으니 다음과 같다.

신성한 왕국 고요히 바위 속에 뚫렸고,
용천은 시원스레 바위틈에 솟구친다.
높다란 이 절, 기이해서 새삼스레 가슴이 설레는데,
나는 듯 위태로운 용마루와 처마는 은하수에 맞닿는다.
들녘의 물줄기는 흩어진 거울마냥 조각조각 반짝이고,
내 덮인 산마루는 늘어선 소라처럼 푸르고도 아름답다.
구름 너머 또 다시 만경창파 있거늘,
한 번 바라봄에 모두가 이 암자로 드는 듯.

그 뒤 조선 선조 때 진묵대사가 멀리서 보이는 등불을 보고 이 절을 찾아와 3창을 하고 오백나한을 봉안한 뒤 원등사라는 이름을 지었다고 한다. 남아 있는 주춧돌 등으로 보아 전성기에 승려 400여 명이 기거했다는 옛 규모를 짐작할 수 있지만 이후의 역사는 지난하다. 미증유의 국난인 임진왜란 때 전

원등사 약사전은 석굴암에
지은 불전이다.

원등사 오백나한.

부 소실되어 겨우 전각을 지어 명맥만 유지해오다가 한국전쟁
때 완전히 불에 타고 말았다.

　폐허로 남아 있던 이 절이 다시 세워지게 된 것은 1985년
의 일이다. 서울에 사는 이순남이라는 보살이 중창하기 시작해
1995년에 석굴법당(약사전)·요사채·명부전을, 2001년에 나
한전을 증축했다. 2006년에는 석굴법당에 약사여래상을 봉안
하고 2012년에 대웅전을 신축했다.

대웅전 앞에서 아득히 퍼져 나간 산줄기들을 바라본다. 고창과 부안, 정읍과 김제 일대의 호남평야가 멀고도 가깝게 눈에 들어온다. '모든 것은 가고 모든 것은 되돌아온다. 존재의 수레바퀴는 영원히 돌고 돈다.'* 사라진 것을 다시 살아나게 하고 생명을 부여하는 것 역시 사람의 일이다. 수풀만 무성했던 원등사를 번듯하게 세운 지극한 불심, 그것도 모두 인연에 의한 일이 아닐까?

● 니체의 《차라투스트라는 이렇게 말했다》에서 인용.

어슬렁거리며 행복을 맛보는
오성 한옥마을

송광사에서 위봉산성으로 가는 길 옆의 마을에서는 불과 몇 년 전만 해도 집집마다 줄 위에 널어놓은 한지가 푸르스름한 햇살을 받으며 흔들리고 있었다. 예로부터 송광사 부근에서 생산되는 한지가 질 좋기로 온 나라에 이름이 높았기 때문이다. 하지만 흐르는 세월 속에 가내수공업으로 한지를 만들던 공장들이 문을 닫았고 지금은 고즈넉한 풍경만이 골짜기를 따라 이어진다. 그 길의 끝에 오성 한옥마을이 펼쳐진다. 전주 한옥마을이 도심 속 한옥촌이라면 이곳은 자연 속 한옥촌이다. 수려한 산세 속에 저수지와 계곡을 끼고 한옥 23채가 모여 있다. 미로 같이 이어진 골목골목을 찾아가보는 매력이 있다.

이곳에서는 현대적인 모습으로 재탄생한 고택 두 채가 자연 속 한옥의 운치를 자랑하며 여행객을 맞이한다. 소양고택과 아원고택이다. 소양고택은 고창과 무안에 있던 130년 된 고택

세 채를 해체해 문화재 장인들의 손으로 이곳에 이축했다. 지금은 한옥문화체험관으로 활용중이다. 아원고택은 한옥 세 채와 현대식 건물 한 채, 복합문화공간인 뮤지엄을 함께 운영 중이다. 아원고택 대청마루에 앉아 세파에 찌든 마음을 내려놓으면 송광사를 품에 안은 종남산의 부드러운 능선이 마음을 따사롭게 감싸준다.

얼마나 고요한가, 얼마나 평화로운가, 얼마나 장엄한가! 우리들의 광란의 여정과는 얼마나 다른가. 그리고 무한한 하늘 속을 떠다니는 한가로운 구름의 여행이여, 어째서 나는 여태까지 저것을 보지 못했던가?

도심 속 전주 한옥마을과 달리 자연 속에 조성된 오성 한옥마을에서는 한껏 여유를 즐길 수 있다.

   문득 톨스토이가 찬탄했던 풍경이 떠오르는 이 집은 2016년 11월 문을 열었다. 아원(我園)은 '우리들의 정원'이라는 뜻으로 건축가 전해갑 대표가 경남 진주의 250년 된 고택과 전북 정읍의 150년 된 고택을 옮겨다 지은 집이다. 건물들은 '만사 제쳐놓고 쉼을 얻는 곳'이라는 만휴당과 안채, 사랑채, 별채로 구성되어 있는데 지금의 모습으로 완성되기까지 15년의 세월이 걸렸다고 한다. 매년 2~3회의 현대미술 초대전을 열고 있는 아원고택은 입장료 1만 원을 내고 답사할 수 있고 숙박도 가능하다. 주변에 분위기 좋은 카페와 자그마한 서점도 있다.

   아원고택에서 나와 고산면 남봉리 독촉골로 넘어가는 오도재 초입으로 들어서면 아름다운 호수 오성제가 있다. 세계적인 뮤지션이 된 방탄소년단이 생활한복을 입고 '2019 서머패키지 인 코리아' 영상과 화보를 촬영한 장소다. BTS 덕분에 고택과 호수는 수많은 외지 사람들이 몰려와 사진을 찍는 명소가 되었다.

   이처럼 분위기 좋은 곳에서 어슬렁거리며 한가하게 한나절이나 하루 이틀 보낼 수 있다는 것은 더없는 행복이리라. 그렇다. 우리가 시시각각 느끼는 것이 행복과 불행일 것이다. 그런데 신기한 것은 그 행복과 불행의 차이가 그리 크지 않다는 사실이다. '행복이란 습성이다. 그것을 몸에 지니라.(E. 하이버드)'

콩나물과 육회를 주재료로 쓰는 비빔밥(위)과
콩나물국에 밥을 넣고 말아 먹는 콩나물국밥(아래)은 전주를 대표하는 음식이다.

운암산에 올라 잘생긴 소나무 옆에
서서 굽어보는 대아저수지의 풍경
이 일품이다.

'호남의 금강산'으로 불리는 대둔산의 가을과 겨울. 전라북도에 속한 산세는 불꽃처럼 타오르는 모습의 기암괴석이 숲을 이룬다.

'동학농민혁명 삼례봉기 역사광장'에 세워진 추념의 장.

위봉산성은 숙종 원년에 태조 이성계의 초상화를 모시기 위해 세운 산성으로, 역사와 명칭이 정확히 파악되는 드문 산성이다.

계곡을 바라보고 있는 화암사 우화루의 후면은 축대를 쌓은 후 세운 공중누각 형태다. '꽃비가 내린다'는 이름처럼 멋지다.

송광사 종루는 우리나라 전통 건축에서는 찾아보기 힘든 십자각으로, 12개의 기둥을 사용해 2층 누각 형태를 갖추었다.

완주군 고산면과 동상면 일대에서 나는 곶감은 씨 없는 감으로 이름이 높다.

완주 03

문화 속으로

인걸은 간곳없고
고산면에 남은 자취

    완주군 고산면은 백제 때 난등량이었다가 신라 757년(경덕
왕 16년) 고산으로 고쳐 전주도독부 관내 전주의 영현이 되었
다. 1895년(고종 32년) 고산군이 되었고 1914년 행정구역 개
편 때 전주군에 병합되었으며 1949년 전주가 시로 승격됨에
따라 완주군에 편입되었다.

    고려 때 문장가인 이규보는 〈기(記)〉에서 고산을 두고 "높
은 봉우리 우뚝한 재가 만 길이나 벽처럼 서 있고, 길이 좁아서
마을 내려서야 다닐 수 있다"고 했고, 윤자운은 "산은 가까운
성곽 따라 둘러 있고, 물은 먼 마을을 안고 흐르네" 했으며, 정
지담이라는 사람은 "지경이 고요하니 백성 풍속 후하고, 구름
깊으니 동부가 깊숙하다"고 표현했다.

    고산면 읍내리의 객관 동쪽에는 요산루(樂山樓)라는 누각이
있었는데, 조선의 문신 권건은 이에 대해 다음과 같은 시를 남
겼다.

그림 기둥 조각 난간 제작이 공교로운데, 경영한 것은 응당 농사일 위해서이리. 날카로운 산봉우리 뒤로 둘러 있고, 논두렁 밭두렁은 동서로 엇비슷하구나. 못 수면에는 갈매기 그림자 깨끗하게 잠기고, 담장머리엔 버들가지 바람에 가볍게 나부끼네. 주인의 마음 바탕 얼마나 너그러운가. 기묘한 경치 다 거두어 눈 가운데 놓는다.

읍내리의 뒷동산이라 부르는 사인봉은, 조선 선조 때 사람으로 의주목사를 지냈으며 기축옥사의 주인공인 정여립을 탄핵하는 상소를 올렸던 서익(徐益)이 살았던 곳이다. 서익의 흔적은 자포골 동북쪽의 만경강가에 세워진 세심정에도 남아 있다. 정자 밑으로 흐르는 만경강에 마음을 씻었다는 세심정은 터만 남고 사라졌던 것을 근래에 다시 세웠다. 중리 북쪽에 있는 빙고멀은 이전에 석빙고가 있어 지어진 이름이고, 부평 서쪽에 있는 오리정 터는 고을 원님이 취임할 때 관원이 영접하던 곳이라 한다.

삼기리에 있는 정자 삼기정(三奇亭)은 조선 초기의 문신이자 정몽주의 문인인 하연이 1421년(세종 3년)에 전라도 관찰사가 되어 관내를 순시하던 중 들러 〈삼기정〉이라는 기문을 아래와 같이 지었던 곳이다. 근처에 삼기원(三奇院)이라는 원집이 있었지만 지금은 그 아래에 작은 내가 있어 시냇물이 흐를 뿐이다.

임인년(1422) 봄에 나는 고산읍에 간 일이 있어 이 언덕에 오르
게 되었다. 연하 초목이 모두 아름답게 내 눈앞에 깔려 있는데
수석과 송림이 더욱 기이하게 보였다. 이에 삼기라 이름하여
깎은 나무에 글씨를 써주었더니 이제 현감 최득지가 여기에 정
자를 짓고 나에게 기문을 청하였다.

사람의 마음은 물건을 보고 감동되는 것으로 눈을 달리하여 보
게 된 그 느낌은 더욱 간절했다. 맑은 물을 보게 되니 나의 천
부의 본성을 더욱 맑게 하고, 바위가 엄연한 것을 보게 되니 뽑
아낼 수 없는 확고한 신념을 더욱 굳게 하며, 소나무의 변하지
않는 푸른 빛을 보게 되니 곧고 굳은 절개를 더욱 높게 하여 이
언덕의 세 가지 물건이야말로 어찌 경치가 아름답다거나 찌는
더위에 재미있게 논다는 것 뿐이리요.

삼기리 백현마을은 고개마루 뒤쪽에 잣나무가 있어 지어진
이름이고, 백현 남쪽에 있는 작은 산인 인봉은 어느 통인이 산
옆으로 흐르는 내에서 도장을 잃어버렸다고 해서 생긴 이름이
다. 백현사 터 옆에는 영건청이라는 집터가 있는데, 백현사를
지을 때 고을 선비들이 머물던 곳이다. 백현 가운데 있는 정안
당(靜安堂)에는 우암 송시열의 글이 있다.

성재리 청골 동남쪽에는 안수봉, 제봉산, 문필봉이라고 불
리는 안수산(552미터)이 있다. 읍내리에서 바라보면 봉우리가

마치 닭벼슬처럼 보이기도 하고 붓처럼 보이기도 해서 그런 이름이 붙었다. 이 산 중턱에 있는 절이 안수암이고, 안수산 북쪽에 있는 바위는 고양이처럼 생겼다 해서 고양이바위라고 부른다. 고양이바위 아래 골짜기에는 8남 8녀를 낳고 살았다 해서 붙여진 '팔남 팔녀 난골'이라는 이름이 남아 있다. 아이를 잘 낳지 않아 국가경쟁력이 떨어질 것을 걱정하는 요즘 같으면 대접 받을 곳이지만, 가난하기 그지없던 그 시절에 열여섯 자식을 기르느라 얼마나 힘이 들었을까?

만경강 상류에 자리 잡은 고산은 지금도 곶감과 대추가 많이 나기로 유명하지만 그 옛날의 정취는 없이 강물만 무심히 흐르고 있다. 인걸은 간곳없고 자취만 남은 것이다.

고산면과 맞붙은 비봉면 내월리에는 조선 중기의 문신인 신독재 김집과 그의 제자인 관곡 최서림, 월곡 류종흥을 배향한 봉양서원(鳳陽書院), 조선 중기와 후기의 문신인 유몽인 · 유숙 · 유중교의 영정과 위패를 모신 삼현사(三賢祠)가 있다. 이웃한 화산면 춘산리에 있는 예봉산은 임진왜란 때 명나라 장군 이여송이 지나다가 명산이라며 배례를 하고 지나갔다고 한다.

천주교 첫 순교자가 안치된
초남이 성지

전북 완주군 이서면 남계리에서 가장 큰 마을이 초남이 또
는 최남이라고 부르는 마을로, 근처에 경전와우(耕田臥牛)혈이
라는 명당자리가 있다. 풀이 무성한 그곳에서 한국 천주교 역
사에 중요한 인물이 태어났다. 1784년 한국 천주교회가 설
립된 이후 천주교의 조선 정착에 크게 공헌한 유항검(柳恒儉,
1756~1801)이 그 주인공이다.

유항검의 본관은 전주(全州), 세례명은 아우구스티노이며
아버지 유동근과 어머니 안동 권씨 사이에서 둘째 아들로 태어
났다. 사대부 출신으로 호남의 대부호였던 그는 남녀노소 모든
사람이 평등하다는 천주교 교리를 받아들여 '호남의 사도'로
불렸다.

한국 천주교회 최초의 순교자인 윤지충과 이종사촌 간이었
던 유항검은 1784년(정조 8년) 경기도 양근의 권철신 집을 찾

아갔다가 십자가상과 천주교 서적을 처음 보았고, 권철신과 그의 문하생들이 서학을 탐구하는 사실을 알게 되었다. 유항검은 권철신의 동생 권일신에게 교리를 배우고 신앙을 받아들였으며, 이승훈에게 세례를 받은 후 고향에 돌아와 가족과 친척, 노비 등에게 복음을 전파했다.

1786년 가을 가성직자단(假聖職者團)의 신부로 임명된 유항검은 고향에서 미사를 집전하며 성무 활동에 전념했으며, 진산에 사는 윤지충의 집에 자주 모여 동생 유관검과 함께 교리를 연구했다. 1790년 10월, 천주교회가 조상 제사를 금지한다는 사실이 알려지면서 많은 양반 신자가 교회를 떠났다. 하지만 유항검은 교회의 명령을 충실히 지키기 위해 신주를 조상의 무덤 곁에 묻고 제사를 지내지 않았다.

1791년(정조 15년) 신해박해가 일어나 윤지충이 처형되었다. 하지만 유항검은 7개월 동안 피신해 있다가 자수한 뒤 배교를 선언하고 석방되었다. 그 뒤 비밀리에 신앙생활을 계속하던 그는 1795년 5월 주문모 신부를 전주로 초청해 미사를 봉헌했고, 자신의 장남 유중철과 이윤하의 딸 이순이가 '동정 부부'를 서약하고 혼인하는 것을 허락했다. 1796년에는 신앙의 자유를 얻기 위해 '대박청래(大舶請來) 사건(종교 자유를 허락하지 않을 때엔 서양 군함이 와서 무력으로 한바탕 결판을 내야 한다)'에 깊숙이 관여했다.

    1801년 정조가 의문사하고 어린 순조 임금이 즉위하면서
안동 김씨 정권이 들어섰다. 순조 1년 전국에 걸쳐 신유박해가
일어나면서 '오가작통법'을 적용해 천주교도들을 하나도 남김
없이 뿌리 뽑도록 했다. 불과 수십여 일만에 200여 명이 체포
되었고, 전라 감사 김달순은 신도들을 문초하다가 대박청래 사
건을 알게 되었다.

    그해 3월 전라감영은 유항검을 비롯한 유관검 · 윤지헌 ·
이우집 · 김유산 등을 신속하게 체포해 4월에 서울로 압송했다.
그들은 대역부도죄로 능지처참과 집을 파서 소를 만드는 파가
저택 형을 받고 전주로 이송된 후 10월 24일(음력 9월 17일) 현
재의 전동성당 부근에서 처형되었다. 유항검과 그의 동생 관검
은 대역부도죄로 육시형을 당했고, 목이 잘린 유항검의 머리는

'호남의 사도'로 불렸던 유항
검의 묘. 신유박해 때 육시형
을 당해 순교했다.

남문 누각에 매달아 성문을 출입하는 사람들에게 경각심을 주
도록 했다.

유항검의 가족 중에서도 처 신희, 큰아들 유중철과 며느리
이순이, 둘째 아들 유문석과 제수 이육희, 조카 유중성이 순교
했다. 나이 때문에 사형을 면한 어린 아들 유일석(6살)은 흑산
도로, 유일문(3살)은 신지도로, 딸 유섬이(9살)는 거제도로 유
배되었다.

유항검의 생가터는 웅덩이를 메운 자리에 사람들이 하나둘
모여 살기 시작했고, 마지막 웅덩이를 메워 성지화했다. 여기
서 800미터쯤 떨어진 곳에 세운 교리당은 조선 천주교 최초의
교리당이 있던 자리로, 주문모 신부가 미사와 성사를 집전했던
곳이다.

오랜 세월이 지난 2021년 3월, 이곳 초남이 성지에서 윤지
충 바오로, 권상연 야고보, 윤지헌 프란치스코의 유해가 발견
되었다. 신해박해로 비참한 최후를 맞이하고 200여 년의 세월
이 흐른 뒤였다. 천주교 전주교구는 '호남의 사도 유항검관'에
서 기자회견을 열고 "전북 완주군 초남이 성지의 바우배기에
서 성역화 작업 도중 순교자로 추정되는 유해와 유물이 출토되
었는데 이를 검사한 결과 세 복자의 유해로 판명됐다"고 발표
했다. 이어 9월 16일에는 초남이 성지 교리당에서 유해 안치식
을 거행하고 현양 미사를 봉헌했다. 이 유해 발굴은 '순교 역사

의 첫 자리를 찾은 기념비적 사건'으로 평가되었고, 초남이 성
지 교리당은 한국의 첫 교리당이자 천주교 첫 순교자가 안치된
역사적 장소로 거듭났다.

바우배기는 순교자 유해 확인작업을 진행해온 김진소 신부
가 윤지충의 묘소를 찾아 헤매던 중 1995년 10월 순교자의 무
덤이라고 추정하고 발굴을 계획했던 곳이었다. 그런데 우연히
도 김 신부가 20여 년간 수집한 교회사 자료를 잃어버리는 사
건이 터졌고 그 와중에 바우배기 발굴은 잊혀지고 말았다. 그

유항검의 생가터이자 한국 천주교회 최초의 순교자인 윤지충과 권상연의 유해가 모셔져 있는
천주교 전주교구 초남이 성지.

때는 우연히 못 찾았고 이번엔 우연히 찾았으니 묘한 우연이다.

한국 천주교 최초의 순교자 묘를 두 사람이 나고 자란 전라도 진산현(현재 충남 금산군 진산면 막현리)이 아닌 유항검의 고향에 쓴 이유는 무엇일까? 여러 가지로 유추해볼 때 이 지역을 기반으로 하는 신앙공동체 집단에 의해서 이곳이 장지로 선택되었을 것이라고 추정하고 있다.

한편 완주군 화산면 승치리에는 건축학적으로 의미 있고 아름다운 성당이 있다. 약현성당에 이어 1895년 우리나라에 두 번째로 세워진 성당이며 최초의 한옥 성당인 되재성당이다. 한국전쟁 때 소실되었던 것을 2009년 완주군이 원형대로 복원하고 축성식을 열었다. 정면 9칸에 측면 5칸 팔작지붕 건물인 되재성당의 내부는 중앙 기둥을 연결하는 낮은 벽으로 남녀 좌석을 구분하고 바닥은 마루로 꾸몄다.

흐르는 물처럼 유려한 글씨
창암 이삼만

전라도 일대에 널리 알려진 이삼만(李三晚)은 조선 후기의 서예가로 정읍에서 태어났다. 자는 윤원(允遠), 호는 창암(蒼巖) 또는 강재(强齋)이며 본관은 전주다. 초명은 규환이었다가 30세에 삼만으로 바꿨다. 그 이름에는 세 가지가 늦어졌다는 뜻이 담겼는데 첫째는 배움이 늦고, 둘째는 세상을 늦게 깨달아 벗 사귀는 것이 늦고, 셋째는 결혼이 늦었다는 의미다.

평생 관직 없이 서예 연마에 힘써 일가를 이룬 대표적 서예가인 그는 어려서부터 글씨를 잘 썼으며, 일찍부터 베에 글씨를 쓰고 베가 까맣게 되면 빨아서 다시 쓰며 연습했다. 병중에도 날마다 천 자씩 쓰면서 '벼루 세 개를 뚫을 때까지 먹을 갈아 연습하겠다'고 맹세했다고 한다. 이삼만에 대한 여러 이야기들이 전해오는데 그가 유복한 집안에 태어났으나 글씨에만 몰두해 그 많던 재산을 다 탕진하고 말았다는 이야기도 있고, 몰락한 양반의 후손이라서 붓과 종이가 없었기에 대나무와 칡 뿌리를 갈아 모래 위에 글씨 연습을 했다는 이야기도 있다.

창암은 어린 시절 왕희지의 법첩을 시작으로 당대의 명필로 이름을 얻고 있었던 이광사의 글씨를 배웠다. 한대 이전의 글씨를 흠모하면서 중국의 이왕(二王) 등 여러 서가를 참고하고 우리나라 서예의 대가인 김생·한호·백광훈·양사언·이광사의 글씨를 본받으며 독자적인 행운유수체(行雲流水體)를 창안했다. 사람들은 그의 글씨를 두고 '창암체' 또는 '유수체'로 불렀는데 글씨가 물 흐르듯 자연스럽고 생동감이 넘친다는 뜻이었다.

전라도의 멋과 흥취를 잘 살렸다는 평을 듣는 이삼만은 서울의 김정희, 평안도의 조광진과 함께 조선 후기의 3대 명필로 알려져 있다. 창암의 글씨가 세상에 알려진 것은 우연한 일이었다.

전주 남문밖 약재상이 대구에 있는 약령시에 보낼 약재의 품명을 창암에게 써달라고 하자 부르는 대로 썼다. 약재 이름이 적힌 두루마기가 한 필이 됨직 했는데, 약령시의 중국인 주인이 글씨를 보고 넋을 잃었다고 한다. 글자 한 자, 한 획이 꿈틀거리는 뱀이 꼬리치는 것만 같아 누가 쓴 글씨인지 물었다. 약재상이 전주에 사는 창암이라고 답하자 중국인은 창암을 소개해 달라고 간곡히 부탁하면서 약재값을 받지 않았다고 한다. 중국 사람들에게 먼저 알려진 뒤 우리나라 사람들에게도 알려

222

지기 시작했다.

《연려실기술》의 저자 이긍익의 아버지인 원교 이광사가 유배지 신지도에서 바닷물이 출렁이는 원교체를 이룩하였다면, 추사 김정희는 유배지인 제주 대정현의 거친 바람결에서 추사체를 완성했고, 창암 이삼만은 상관의 공기골 맑은 계곡에서 유수체를 익혔다. 그의 자취가 남은 공기골이 현재 편백나무 숲으로 나라 안에 이름이 높으니 얼마나 신기한가.

창암과 추사에 얽힌 이야기도 여럿 전해지고 있다. 추사가 제주도로 유배 가는 길에 창암을 만났다. 추사보다 나이가 열여섯 살 많은 창암이 70세를 넘긴 상태였는데, 추사는 창암의 글씨를 보고 "시골에서 글씨로 밥은 먹겠다"고 말했다. 그 자리에 함께 있던 창암의 제자들이 격분하여 자리를 박차고 일어나자 창암이 만류하면서 다음과 같이 말했다. "저 사람이 글씨는 잘 아는지 모르지만 조선 붓의 헤지는 멋과 조선 종이의 스미는 맛은 잘 모르는 것 같더라."

그와는 다른 이야기도 있다. 추사가 제주도로 유배 가던 1840년 가을, 전주 한벽루에서 창암을 만났다. 창암에 대한 소문을 들은 추사가 정중히 하필을 청하자 창암은 "붓을 잡은 지 30년이 되었으나 자획을 알지 못한다"고 겸손하게 사양했다. 추사가 다시 간곡히 청하자 다음과 같은 글을 써주었다.

강물이 푸르니 새 더욱 희고/ 산이 푸르니 꽃은 더욱 붉어라/
이 봄 또 객지에서 보내니/ 어느 날에나 고향에 돌아가리
(江碧鳥逾白/ 山靑花欲然/ 今春看又過/ 何日是歸年)

글씨를 받은 추사는 명불허전이라며 감탄을 표했다. 제주
도에서 9년 간 고난의 세월을 보낸 추사가 다시 전주를 찾아왔
다. 그때 창암은 이미 3년 전 작고하여 이 세상 사람이 아니었
다. 추사는 때늦은 것을 한탄하며 '명필창암완산이공삼만지교
(名筆蒼巖完山李公三晩之墓)'라는 묘비 글씨와 함께 창암을 기리
는 글을 써주었다.

두 가지 이야기 중 어느 쪽이 맞는지는 알 수 없다. 다만 신
지도에 유배를 가서 동국진체를 터득한 원교 이광사를 비난했
던 추사가 이광사의 필법을 따랐다는 창암을 칭찬했을 것 같지
는 않다. 추사만 창암을 무시했던 것은 아니다. "창암은 호남에
서 명필로 이름났으나 법이 모자랐다. 그러나 워낙 많이 썼으
므로 필세는 건유하다." 오세창이 《근역서화장》에 남긴 창암에
대한 평가다.

만년에는 전주에 살면서 완산(完山)이라는 호를 썼던 창암
은 제자들을 가르치는 일에도 아주 각별했다. 그에게 글씨 배
우기를 요청하면 점 하나 획 하나를 한 달씩 가르쳤다고 전해
진다. 손수 펴낸 필첩과 서첩을 교재로 사용했다. 창암은 전주

에서 중국 서예가 세 사람과 조선 서예가 세 사람의 글씨를 수집해 편찬한 《화동서법(華東書法)》 목판본을 발행했고, 60세에는 서예에 관한 자료를 정리해 《창암묵적(蒼巖墨蹟)》을 펴냈다. '연비어약(鳶飛魚躍)' 4자와 중국 역대 대가들의 글씨를 임서하거나 방서해 엮은 책이다. 1830년 8월 회갑 때 쓴 자서문을 보자.

나는 어려서부터 글씨 쓰기를 즐기어서 몇 해 동안 필가들의 집에 드나들었으나 그 참뜻을 알지 못하여 한탄했다. 중년에 충청도에서 노닐다가 우연히 진나라 사람 주정이 쓴 비단 바탕의 글씨를 얻어 당나라 때의 명필에 못지않다고 여겼다. 또한 서울에서 유공권의 전적을 얻게 되어 옛 사람의 붓을 다른 뜻을 밝히고 만년에는 신라 김생의 글씨를 얻어 옛 사람의 글씨 획이 실하고 슬기로움을 알았다.

그래서 대가의 글씨를 밤낮으로 눈에 익히고 만 번이나 써봤으나 재주가 모자란 탓인지 그 진경에 이르지 못함을 한탄했다. 더러 글씨를 청하는 사람이 있었으나 매양 옛 사람의 심오한 경지에 미치지 못함을 크게 개탄했다. 그러나 이제 경향 간에는 어디를 가나 옛 법칙을 지키는 이가 없고 거의 과거 글씨에만 힘쓰고 있으니 나 같은 사람의 글씨는 도리어 쓸모없을 것이다. 다만 세상 사람이 옛것을 배우지 아니하고 더욱 속된 글씨만 쓴다면 금석의 글씨와 큰 액자는 누가 써야 하겠는가.

창암은 1847년(헌종 12년) 2월 12일 상관면 죽림리에서 이 세상을 하직했다. 그의 나이 일흔여덟이었다. '저속한 사람의 말은 듣지 말라'면서 자존 속에서 자신의 예술을 키울 수 있음을 갈파한 그의 말은 오늘날 예술 하는 사람들이 새겨들을 만하다.

그가 남긴 서첩들이 나라 곳곳에 전해져 오고 각종 편액과 금석문이 영호남 지방의 사찰과 고루, 정사에 남아 있다. 편액으로는 전남 구례 화엄사의 삼전(三殿)과 천은사의 보제루(普濟樓), 선암사의 열선당(說禪堂)·만세루(萬歲樓)·팔상전(八相殿), 대흥사의 가허루(駕虛樓) 등의 글씨를 썼다. 하동 칠불암(七佛庵)의 편액과 전주판(全州板) 칠서(七書)도 그의 필적이라고 한다. 전주 제남정(濟南亭)의 액(額), 전남 송광사의 대감정(大鑑亭), 임실 상이암의 칠성각(七星閣)과 신흥사의 산신각(山神閣), 금산 보석사의 대웅전(大雄殿), 계룡산의 동학사(東鶴寺) 현판도 이삼만의 글씨다.

'판소리 설렁제'를 창안한

명창 권삼득

전북 도립국악원과 덕진공원 그리고 전북대학교 앞을 지나는 도로 이름이 권삼득로다. 판소리계의 전설로 남아 있는 명창 권삼득의 업적을 기려 지은 이름이다.

1771년(영조 47년) 전라북도 완주군 용진면 구억리에서 내언의 둘째 아들로 태어난 권삼득은 본명이 사인(士仁), 본관은 안동(安東)이다. 조선 정조와 순조 때 활약한 판소리 8명창 중 한 사람으로, 권마성(勸馬聲) 소리제(선율)를 응용해 '판소리 설렁제'라는 특이한 소리제를 창안해냈다. 높은 소리로 길게 질러 내는 성음으로, 지금도 〈흥보가〉에서 '제비 후리러 나가는' 대목과 〈춘향가〉에서 '군노사령 나가는' 대목 등 여러 노래에 쓰이고 있다. 《조선창극사》를 지은 정노식은 권삼득을 다음과 같이 평했다.

양반의 자제로서 어려서부터 독서에 힘쓰지 아니하고 창 공부

에만 전력하므로 가문의 치욕이라고 하여 단념할 것을 훈계하였으나 듣지 아니하므로 족보에서 지워버리고 가정에서도 축출을 당했다.

문중에서 버림을 받아 집에서 나온 그는 오래된 소리꾼으로 알려진 하은담과 최선달에게서 판소리를 배웠다. 하지만 이 또한 전해오는 이야기로 확실하지는 않다. 권삼득은 진외가가 있던 남원 주천의 구룡폭포에서 소리 공부를 했다. 그의 소리가 10리 밖까지 들려 마을 사람들이 경탄을 금하지 못했다고 한다.

권삼득이 전주에 기거하고 있을 때 용머리고개를 넘어가며 취흥에 겨워 새타령을 한 곡조 하면 전주 주변의 남고산성과 동고산성에서 놀던 새들이 모여들었다는 이야기가 있을 만큼 절묘한 소리를 냈다지.

가람 이병기 선생의 말이다. 권삼득은 완주 위봉폭포에서도 소리 공부를 했다고 한다.

그는 소리를 배우기 전부터 있었던 원초(原初) 판소리와 비슷하게 단순한 판소리를 했던 것으로 추정되고 있다. '흑운 박 차고 백운 무릅쓰고 거중에 둥실 높이 떠 두루 사면을 살펴보니 서촉 지척이요 동해 창망하구나'로 시작하는 〈제비노정기〉

는 제비가 가뿐하게 날아올라 유유히 나는 모습을 부른 노래다. 권삼득이 즐겨 부른 뒤 전도성과 송만갑, 김창룡도 즐겨 불렀고 염계달은 그의 창법을 모방해 불렀다고 한다.

조선 후기에 판소리를 집대성한 고창 출신 신재효는《광대가(廣大歌)》에서 권삼득의 호탕하고 씩씩한 가조를 "권생원 사인 씨는 천층절벽(千層絶壁) 불끈 소사 만장폭포(萬丈瀑布) 월렁궐렁 문기팔대(文起八代) 한퇴지(韓退之)이다"라고 평했다. 절벽에서 떨어지는 폭포에 비유한 것이다. 정노식은 "천품의 절등한 고운 목청은 듣는 사람의 정신을 혼미케 하였다"고 했다. 후세의 많은 사람들이 그를 일컬어서 '가중호걸(歌中豪傑)'이라 불렀다.

1841년(헌종 4년) 작고한 그의 묘는 전라북도 완주에 있다. 묘 앞에 구멍이 패어 있는데 이를 소리구멍이라 부른다. 지금도 그 구멍에서 소리가 들린다는 전설이 있다.

모악산 대원사에서 깨달음을 얻은
증산 강일순

모악산 중턱에 자리 잡은 대원사는 조선 후기에 증산교를
창시한 증산 강일순의 발자취가 또렷하게 새겨져 있는 유서 깊
은 절이다. 증산은 정읍군 덕천면 신월리 황토현 근처 시루봉
이라는 작은 산 너머에서 태어났다. 동학농민혁명이 일어났을
때 그는 김제에서 서당 훈장 노릇을 하고 있었다. 난리가 났다
는 소문을 듣고 전봉준이 사는 마을에 가서 동학 접주 안윤거
를 만났다. 안윤거는 "황토현 싸움에서는 승리했지만 필경 패
망을 면치 못할 것"이라던 전봉준의 말을 전했다. 결국 농민혁
명은 실패로 끝나고 말았다.

그때부터 증산은 깊은 절망에 빠져든다. 절망 속에서 각처
를 떠돌아다니며 술객(術客)들을 만난다. 후천개벽사상을 원리
에 의해 이론화시켜 정역사상으로 정립한 논산의 김일부도 그
때 만났다. 그를 통해 동학을 뛰어넘는 새로운 사상, 민중을 억

압과 질곡 속에서 벗어날 수 있게 하는 사상을 접하게 된다.

1900년에는 모악산의 대원사 칠성각에서 도를 닦았다. 이 정립이 편찬한《대순전경》에 실린 그 당시의 상황을 보자.

천사, 여러 해 동안 각지에 유력하사 많은 경험을 얻으시고, 신축에 이르러 비로소 모든 일을 자유자재로 할 권능을 얻지 않고는 뜻을 이루지 못할 줄을 깨달으시고, 드디어 전주 모악산 대원사에 들어가 도를 닦으사 칠월 오일 대우 오룡허풍에 천지대도를 깨달으시고 탐음진치사종마(貪淫瞋癡四種魔)를 극복하시니 이때 그 절 주지 박금곡이 수종 들었더라.

강일순의 나이 30세가 되던 해 여름이었다. 다섯 마리 용이 불어내는 심한 폭풍우 한가운데서 천지의 큰 도를 깨달은 그는 이때부터 1909년 8월 9일 서른아홉으로 세상을 떠날 때까지 9년 동안 금평못 안쪽에 위치한 구릿골에서 '천지공사'를 행한다.《증산교사》에 의하면 천지공사는 '증산의 깨달음을 포교하는 것이요, 온갖 질병과 부조리가 만연하고 있는 세상을 송두리째 뜯어 고치기 위한 구체적 실천'이라고 한다. 두 평 남짓한 방에 마련한 약방 광제국(廣濟局) 앞마당에서 증산은 '천대받는 민중이 한울님'이라고 설파한다.

동학농민운동이 실패로 끝난 후 사회의 혼란은 가중되었고 어디에도 의지할 데 없던 뿌리 뽑힌 민중들은 증산교로, 보

천교로, 원불교로 귀의했다. 모악산 자락에서만 증산교 교파가
50여 개를 헤아릴 정도로 우후죽순 생겨났다.

증산은 죽기 전에 천지굿판을 벌였다. 선천시대는 양의 시
대였으나 후천시대는 음의 세계라며, 자신의 법통을 고판례라
는 여자에게 넘겼다. 남자도 아닌 여자에게, 그것도 그 시절엔
누가 업어가도 개의치 않을 과부였고 무당이었던 여자에게 법
통을 넘긴 것은 그 자체만으로도 가히 혁명적인 사건이었다.

이 여인(고판례)이 굶으면 온 천하 사람이 굶을 것이며, 이 여인
이 먹으면 천하 사람이 다 먹을 것이다. 그리고 이 여인이 눈물
을 흘리면 천하 사람이 눈물을 흘릴 것이요, 한숨을 쉬면 천하
사람이 한숨을 쉴 것이다. 이 여인이 기뻐하면 천하 사람이 기
뻐할 것이요, 이 여인이 행복하면 천하 사람이 행복할 수 있을
것이며, 이 여인의 눈이 빛나면 천하 사람의 눈이 빛날 것이다.
이 여인이 잠을 이루지 못하고 그리워하면 모든 사람이 잠을
이루지 못하고 그리워할 것이며, 이 여인의 따뜻한 말 한마디
는 온 세상을 따뜻하게 할 것이다.

강일순의 말이다. 고판례 예찬은 이 세상 모든 여자를 예찬
하는 말이기도 했고, 남녀평등시대의 미래를 열어 보인 예언이
기도 했다. 고판례는 증산의 제자인 차경석의 이종누이였는데,
차경석은 증산 사후에 보천교를 세워 자칭 차천자(車天子)가

된다.

증산은 "세상의 모든 질병과 고통과 절망을 내가 다 짊어지고 가노라"며 한 달여를 쌀 한 톨 입에 넣지 않고 가끔 소주 한두 모금으로 목을 축이며 온갖 병을 다 앓다가 피골이 상접한 채 이 세상을 떠났다. 자신의 전 생애를 적나라하게 보여준 채 떠난 그의 관에는 '생각에서 생각이 나오느니라'라고 쓰여 있었다.

조동일은 《한국문학통사》에서 강일순의 후천개벽과 천지공사에 대해 다음과 같은 글을 남겼다.

강일순은 후천개벽의 천지공사를 한다면서 우선 상극, 억압, 원한을 특징으로 하는 선천시대의 폐단에서 과감하게 벗어날 것을 촉구했다. 나라는 충 때문에, 집은 효 때문에, 몸은 열 때문에 망했으니 충·효·열의 헛된 구속에 미련을 두지 말고, '망하는 세간은 아낌없이 버리고, 새 배포를 꾸미라'고 했다. 그동안 귀신이나 하늘에까지 쌓인 원한을 두루 풀고, 다가오는 시대인 후천에는 천대받고 억눌린 사람들이 아무 거리낌 없이 기를 펴고 살도록 하는 것이 자기가 이루어야 할 최상의 과업이라고 했다.

강일순은 다른 종교 지도자들과 달리 해원(解冤)을 강조했는데, 해원은 개인적인 원한 청산으로 달성되지 않고 천지운행의 도수부터 고쳐야 철저하게 이루어진다고 보았다. 그런 해원을 통하여 '내세나 피안이 아닌 현세의 삶에서 화해와 조화로 가득 찬 선경을 만들어야 한다'고 강조했다.

동학농민혁명의 3대 지도자인 전봉준·김개남·손화중과 더불어 '위대한 선각자'로 꼽히는 증산은 암울했던 시대의 조선 민중들에게 '세상의 모든 나라 모든 사람들이 남조선 뱃노래를 부르며 이 나라를 찾아올 것'이라며 꿈과 이상을 심어주었다. 그 꿈은 오늘도 이 땅의 사람들에게 지대한 영향을 끼치고 있다.

만경강 철교에서 감상하는 비비낙안

비비정예술열차

비비정(飛飛亭)은 완주군 삼례읍 후정리 만경강변 호산에 자리 잡은 정자로 조선시대 완산팔경 명승지 중 하나인 '비비낙안'이 유래한 곳이다. 만경강 82킬로미터 경관 중 최고를 자랑하는 곳으로, 1573년 최영길이 건립했다가 소실된 것을 1752년(영조 28년)에 부임한 전라관찰사 서명구가 중건했다. 이후 19세기에 철거되었다가 100년 만인 1998년 다시 복원되었다.

선비들은 비비정에 올라 술을 마시고 시와 운문을 읊으며 풍류를 즐겼다. 삼남대로와 통영대로가 나뉘던 곳인 만큼 나그네의 발길이 끊이지 않았을 것이다. 우암 송시열의 기문을 보면 '규모보다 쓰임이 중요하다'고 한, 비비정에 대한 애정이 묻어난다.

최량이 찾아와서 나에게 정자의 기문을 청탁했다. 그의 조부

최영길이 창주 검사(무관 중 4품)를 지냈는데 그의 부친 최완성도 무관이고, 최량도 조업을 이어 무관이었다. (중략) 비비정이라 이름한 뜻을 물으니 지명에서 연유된 것이라고는 하나 내가 생각하기에는 그대의 가문이 무인일진대 옛날에 장익덕은 신의와 용맹이 있는 사람이었고, 악무목은 충과 효로 알려진 사람이었으니 둘이 다 함께 이름이 비(飛)자였다. 비록 세월이 오래 되었다 할지라도 무인의 귀감이 아니겠는가. 장비와 악비의 충절을 본뜬다면 정자의 규모는 비록 작다 할지라도 뜻은 클 것이다.

비비정 근처에 있는 호산서원은 1805년(순조 5년)에 이 지역 유림들이 정몽주 · 송시열 · 김수항의 절의와 덕행을 추모하기 위해 송시열이 거주하던 비비정 근처에 서원을 짓고 위패를 모신 곳이다. 1868년 대원군의 서원철폐 때 훼철되었으나 이곳 유림들은 용호단을 마련하고 제사를 지냈다. 중건되었던 서원은 한국전쟁 때 다시 소실되었고 1958년 복원되면서 김동준과 정숙주를 함께 배향했다.

여수로 가는 전라선 열차가 삼례에서 전주로 가는 만경강을 가로지르며 세워진 만경강 철교는 스틸거더 형식의 철도 교량이다. 철교가 만들어질 당시에는 한강 철교 다음으로 긴 교량이었다. 일제강점기에 만경평야의 쌀을 일본으로 실어 나르는 수단으로 쓰이던 철교는 2011년 10월 제 역할을 다하고 휴식에 들어가면서 국가등록문화재 제579호로 지정되었다.

완주군은 2017년 길이 476미터의 만경강 철교에 국내 최초 철교 위 예술열차를 만들어 선보였다. 폐열차 4량을 구입해 리모델링한 다음 카페와 공연장, 전시공간 등으로 꾸민 '비비정예술열차'를 만든 것이다. 해질녘 낙조와 철교, 만경강의 아름다운 경관을 바라보며 사진 찍기 좋은 명소로 유명해진 예술열차는 완주를 대표하는 관광·문화시설로 자리 잡았다. 2021년에는 '뉴트로' 디자인으로 단장해 과거와 현재를 잇는 상징성을 넘어 7080세대와 MZ 세대를 잇는 교량 역할에 나섰다.

고산천과 소양천이 만나 만경강으로 흘러가는 한내에는 '완산승경'의 하나인 대천파설(大川波雪)이 있다. '한여름에 눈빛같이 시원하게 부서져 내리는 물결'과 '가을 달밤에 갈대꽃이 핀 모래벌에 사뿐히 내려앉는 기러기떼'를 말한다.

한 폭의 산수화를 연상시켰다는 옛 풍경은 되살릴 수 없지만, 강 위에 떠 있는 열차에서 만경강 풍경을 바라보며 저 건너로 달리는 진짜 열차를 감상하는 낭만은 즐길 수 있게 되었다. 비비정예술열차와 비비정, 비비정마을, 삼례문화예술촌은 이제 완주를 상징하는 체류형 관광지가 되어가는 중이다.

조선시대 완산팔경 명승지
중 하나인 '비비낙안'이 유래
한 비비정.

비비정예술열차에서 바라보
는 만경강 풍경.

비비정예술열차와 묶어 체류
형 관광지로 즐기기 좋은 삼
례문화예술촌.

생강, 곶감, 대추…
완주의 특산물

완주군은 2020년 완주를 상징하는 대표 콘텐츠로 '9경(景)9품(品)5미(味)5락(樂)'을 선정해 발표했다. 아홉 곳의 볼거리와 아홉 가지 살거리, 다섯 개의 먹거리와 다섯 종류의 즐길거리. 그중 9품(品)의 대표상품인 생강·곶감·대추는 오래전부터 완주 특산물로 알려진 것들로 그 품질이 뛰어나다.

조선 중기의 실학자인 성호 이익이 지은《성호사설》에는 전주 일대에서 생산되는 생강에 대해 다음과 같이 설명한다.

전주는 감영이 있는 곳이다. 장사꾼이 더욱 많아 온갖 물화가 모여든다. 생강이 가장 많이 생산되는데, 지금 우리나라에서 쓰는 생강은 모두 전주에서 흘러나오는 것이다.

이중환이 지은《택리지》에도 나라 곳곳에서 생산되는 중요한 농작물들이 언급되고 있다.

나라 안에서 중요한 작물들이 있는데 진안의 담배밭, 전주의 생강밭, 임천·한산의 모시밭, 안동·예안의 왕골밭 등이 있다.

동인도 힌두스탠 지역이 원산지로 알려진 생강은 2500여 년 전 중국 쓰촨성에서 생산되었다는 기록이 있고, 한국에서는 고려시대 이전부터 재배되었던 것으로 추정한다. 《고려사》에 1018년(현종 9년) 생강을 재배했다는 기록이 남아 있고, 고려 시대 문헌인 《향약구급방》에도 약용식물로 소개되어 있다.

뿌리줄기가 옆으로 자라는 다육질로 덩어리 모양이고 매운 맛과 향긋한 냄새가 나는 생강은 한국 음식의 대명사인 김치를 비롯한 여러 음식에 골고루 들어가고 요즘은 생강차를 비롯한 음료에도 사용한다. 예로부터 나라 안에서 생강이 많이 난다고 소문난 곳이 전주 일대(지금의 완주군 봉동읍)다. 생강이 이 고장 에 뿌리를 내린 이야기가 다음과 같이 전해져 온다.

지금으로부터 1300여 년 전에 신만석이라는 사람이 중국에 사 신으로 갔다가 봉성현이라는 곳에서 생강 뿌리를 얻어서 돌아 와 전라도 나주와 황해도 봉산군에 심어보았다. 그러나 생강이 잘 자라지 않아서 '봉'자가 붙은 지역을 찾아 헤매다가 이곳 봉 동에 심었더니 잘 자라서 봉동 생강의 기원이 되었다.

곶감은 명절이나 제사 때 쓰는 과일 중 하나로 장기간 저

장할 수 있기 때문에 '건시(乾枾)'라고도 부른다. 감은 《향약구급방》에 기록되어 있는 걸로 보아 고려시대부터 재배되었음을 알 수 있다. 《규합총서》에는 곶감 만드는 법이 다음과 같이 실려 있다.

8월에 잘 익은 단단한 수시(水枾, 물감)를 택하여 껍질을 벗기고 꼭지를 떼어 큰 목판에 펴놓아 비를 맞지 않도록 말린다. 위가 검어지고 물기가 없어지면 뒤집어 놓고, 마르면 또 뒤집어 말린다. 다 말라서 납작해지면 모양을 잘 만들어 물기 없는 큰 항아리에 켜켜로 넣고, 감 껍질을 같이 말려 켜켜로 격지를 두고 위를 덮는다. 그런 다음에 좋은 짚으로 덮어 봉하여 두었다가 시설(枾雪, 곶감 거죽에 돋은 흰가루)이 앉은 뒤에 꺼내면 맛이 더욱 좋다.

곶감은 추운 겨울날 간식거리가 마땅치 않던 시절에 아주 훌륭한 간식이었다. 완주군 고산면과 동상면 일대에서 나는 곶감은 씨 없는 감으로 이름이 높다.

경천면 일대에서 나는 대추 또한 완주의 명물이다. 대추의 집산지인 충청도 보은이나 경상도 경산만큼 생산량이 많지는 않지만 맛 좋기로 유명하다.

걸어서 전주 · 완주
인문여행 추천 코스

전주 인문여행 #1

아름다운 도심 속 숲, 건지산길

● 덕진공원 → ● 연화마을 초입 → ● 최명희 묘소 → ● 장군바위 →
● 오송제 → ● 편백나무 숲 → ● 건지산 → ● 조경단

전주의 진산인 건지산에 조성된 도보여행 길은 우리나라의 도심 속 숲길 중 가장 아름다운 곳으로 손꼽히는 보석 같은 길이다. 포털 다음(Daum)의 카페 '길 위의 인문학 우리 땅 걷기'는 '전주 천년고도 옛길'이라는 주제로 12개의 걷는 길 코스를 개발했는데, 제1코스가 건지산길이다. 덕진공원에서 전북대학교 예술대학을 거쳐 도로를 건너면 연화마을의 초입에 이르고 그곳에서부터 본격적인 건지산길이 시작된다.

연화마을 입구에 있는 작은 샛길로 접어든다. 불과 10여 미터도 오르지 않았는데, 마치 심신산골에 들어선 듯 숲이 울창하다. 길은 단풍 터널로 이어지고 그곳에서 조금 더 오르면 한국 문학사에 길이 남을 대하소설인 《혼불》의 저자 최명희 묘소에 이른다.

인연이 그런 것이란다. 억지로는 안 되어. 아무리 애가 타도 앞

당겨 끄집어올 수 없고, 아무리 서둘러서 다른 데로 가려 해도
달아날 수 없고잉. 지금 너한테로도 누가 먼 길 오고 있을 것이
다. 와서는, 다리 아프다고 주저앉겠지. 물 한 모금 달라고.

바람을 타고 몰려오는 소설 속 대사를 들으며 그곳을 지나
면 단풍나무가 울울창창 우거진 단풍나무 숲길이다. 하늘이 보
이지 않을 만큼 촘촘한 나무들 속으로 깊은 심호흡을 하며 걸
으면 복숭아 과수원이 나타나고, 길은 두 갈래로 나뉜다. '노란
숲속에 두 갈래 길이 갈라져 있었습니다. 안타깝게도 나는 두
길을 갈 수가 없는 한 사람의 나그네라⋯.' 로버트 프로스트의
〈가지 않은 길〉을 떠올리며 좌측으로 난 길을 따라가면 자작나
무가 몇 그루 그늘을 드리우고, 다시 단풍나무 숲에 접어든다.
'숲에서 혼자 그렇게 걸었다. 아무것도 찾지 않으면서. 그것이
내 의도였다.' 괴테의 글을 떠올리며 걷는 단풍나무 숲에는 한
가로움을 마음껏 누리는 사람들이 삼삼오오 모여 있고, 그 길
을 계속 따라가다 보면 **장군바위**라는 바위 하나가 덜렁 놓여
있다.
　다시 울창한 단풍나무 숲을 따라 능선에 올라갔다가 내려
가면 탱자꽃이 피고 지는 복숭아 과수원 사잇길이고, 아름답게
펼쳐진 **오송제**에 이른다. 연꽃이 무성한 오송제를 지나면 건지
산의 명물인 **편백나무 숲**에 이른다. 아픈 사람의 몸을 치유하는
데 더없이 좋다는 편백나무들이 하늘을 향해 솟구친 것을 보며

장자가 '인간세편'에서 한 말을 떠올린다. '말하지 마라. 아무 말도 하지 마라. 이 나무도 생각이 있어 여기 이렇게 자라고 있을 것이다.'

그럴지도 모른다고 고개 끄덕이며 편백나무 숲으로 들어가 정갈한 나무의 정기를 받아들인다. '청춘의 힘과 정기는 점점 없어지고 나이와 함께 우리는 늙어간다.' 루크레티우스의 말을 이해한 사람들일까? 세상에 부대낀 마음들을 내려놓고 나무 아래서 스스로를 잊고 앉아 있다.

아카시아, 참나무, 단풍나무, 플라타너스 숲들이 터널을 이루어 '바람으로 머리 빗질을 하며 걸을 수 있는' 길은 건지산 정상으로 이어진다. 능선 길을 따라가다 보면 숲속 도서관에 이르고 조경단이 지척에 있다. 천천히 마음을 내려놓고 서너 시간 남짓 걸을 수 있는 건지산길을 거닐고 나면 다른 세상에서 노닐고 온 것처럼 마음이 평안해진다.

전주 인문여행 #2

전주를 조망하는 남고산성길

● 충경사 → ● 삼경사 → ● 천경대 → ● 관왕묘 → ● 억경대 →

● 남고사 → ● 만경대

'등잔 밑이 어둡다.' '낫 놓고 기역자도 모른다.' 오랫동안 전해져온 우리네 속담처럼 대부분의 사람들은 자신이 사는 지역에 대해 잘 모른다. 로마시대 정치가인 소폴리니우스가 남긴 글에도 그와 비슷한 내용이 있다.

우리는 지척에 있는 것이었다면 별다른 관심도 기울이지 않을 듯한 것을 보기 위해서 먼 길을 여행하고, 바다를 건너간다. 그 것은 우리가 가까운 것에는 무관심하고 멀리 있는 것을 찾는 속성이 있기 때문이거나, 혹은 간단히 달성되는 욕구에는 금방 흥미를 잃어버리기 때문이다. 또 아니면, 가려고 생각하면 언제든 보러 갈 수 있다고 생각되는 것은 뒤로 미루기 때문이다. 이유가 무엇이든 우리의 도시나 그 주변에는 보기는커녕 들은 적조차 없는 명소들이 많이 산재해 있다.

전주시의 동쪽에 자리 잡고 있는 남고산성이 그렇다. 경기
도의 남한산성이 세계문화유산으로 지정된 명소로 유명한 것
과 달리 남고산성은 남한산성 못지않은 역사와 아름다움을 지
녔음에도 '석달 가뭄에 콩나듯' 일부 사람만 찾고 있을 뿐이다.

후백제를 창시한 견훤이 쌓았다고도 하고 그 이전부터 있
었다고도 하는 남고산성길은 이정란 장군의 사당인 **충경사**를
지나 **삼경사**에서부터 시작된다. 삼경사 앞 약수터는 물맛이 좋
다고 알려져 사람들의 발길이 끊이지 않는다. 삼경사 바로 위
쪽에서부터 산성이 시작된다. 남고산성의 남문 부근은 현재 석
축만 남아 있다.

천경대로 오르는 길은 가파르다. 한참을 오르자 견훤이 쌓
았을 당시의 것인지 조선시대 후기의 것인지 모르는 오래된 바
위에 세월의 이끼가 그대로 끼어 있다. 천천히 오르는 성벽. 먹
고 입을 것도 변변치 않았던 시절에 이 성을 쌓았던 사람들은
얼마나 힘이 들었을까? 가쁜 숨을 내쉬며 오른 발길은 천경대
(千景臺)에 닿는다. 천경대에서 내려다보는 전주는 흐릿한 안개
속에 아스라하다. 언제 쌓았는지 가늠조차 할 수 없는 성벽을
따라 길은 이어지고, 한참을 무념무상으로 걷다 보면 고덕산으
로 이어지는 길과 억경대로 내려가는 길이 나뉜다.

가파른 성벽을 조심스레 내려가 아래로 난 길을 따라가면
관왕묘에 이르고, 곧바로 성벽을 따라 오르면 **억경대**로 이어진
다. 억만 가지 경치를 볼 수 있다는 억경대 아래로 보이는 길이

임실·남원으로 이어지는 17번 국도이고, 전주천 너머로 보이는 산자락이 승암산이다. 억경대에서 다시 가파른 성벽을 따라 내려가면 남고사에 닿는다. 전라북도 기념물 제72호로 지정된 남고사는 보덕화상의 수제자였던 명덕화상이 창건했다. 남고사에서 능선을 따라가면 만 가지 경치를 볼 수 있다는 만경대에 이른다.

성의 둘레가 약 2킬로미터에 이르는 남고산성은 인간이 자연을 이용해 가장 자연스럽게 만든 아름다운 산성이다. 성을 쌓고 지켰던 사람들의 자취를 느끼며 걷다 보면 자연이 되고 역사가 되는 길이 전주에 머무는 여행자들을 기다리고 있다.

전주 인문여행 #3

전주 여행의 진수, 한옥마을

● 한벽루 → ● 전주전통문화연수원 → ● 전주향교 → ● 전주동헌 →
● 오목대 → ● 한옥마을 → ● 경기전 → ● 전동성당 → ● 풍남문 →
● 전라감영 → ● 풍패지관(전주객사)

천년고도 전주의 모습을 제대로 보고 싶다면 어느 곳으로 가야 할까? 서민들의 삶이 엿보이는 오래된 골목 풍경을 보고 싶다면 자만동 벽화마을이나 서학동 예술인마을이 제격이지만, 고색창연한 전주의 역사와 품격을 느껴보고 싶다면 한옥마을 일대가 가장 좋다. 천 년의 역사가 켜켜이 서린 한옥마을의 길 위에 서면 삶이 우리에게 말을 걸어오듯 역사가 말을 걸어올 것이다.

풍남동과 교동 일대에 자리 잡은 한옥마을은 일제강점기에 나라 안에 가장 큰 규모로 조성된 한옥들이 고스란히 남아 있다. 조선 왕조 500년 동안 전주에서 나고 자란 인재들의 교육 요람이었던 전주향교와 조선을 건국한 태조 이성계의 어진을 모신 경기전, 천주교 성지 전동성당 등 고색창연한 문화유산들도 한옥마을 일대에 밀집되어 있다. 걸음걸음마다 전주의 역사와 문화가 가깝게 느껴진다.

답사는 전주천변에 자리 잡은 **한벽루**에서부터 시작하는 것이 좋다. 전주를 상징하던 오모가리탕집을 지나면 **전주전통문화연수원**이 있고 바로 근처에 **전주향교**가 있다. 불과 100여 년 전만 해도 글 읽는 소리 청아했을 향교를 지나면 **전주동헌**에 이른다. 다시 한옥마을을 굽어보며 산자락을 따라간 곳에 **오목대**가 있다. 자만동 일대와 승암산 그리고 남고산성 일대가 파노라마처럼 펼쳐지는 오목대를 내려가면 한옥마을이다. 울긋불긋한 한복을 차려입은 관광객들이 삼삼오오 사진 찍는 풍경을 보면 조선시대로 돌아간 듯한 착각에 빠지게 되는 한옥마을의 태조로를 따라가면 경기전에 이른다.

태조 이성계의 초상화를 모신 **경기전**에는 울창한 나무숲에 쌓인 조경묘가 있고, 근처에 나라 안에서 아름답기로 소문난 **전동성당**이 있다. 조선 천주교 최초의 순교자인 윤지충과 권상연이 삶을 마감한 곳에 세워진 전동성당에서 팔달로를 건너면 보이는 문이 호남제일문인 **풍남문**이다. 전주부성의 4대문 중 유일하게 남아 있는 풍남문에서 아침저녁으로 종소리 울리던 종루를 떠올리며 서쪽으로 발길을 옮기면 반기는 건물이 **전라감영**이다.

전라도의 감영이 있다가 세월의 흐름 속에 전라북도 도청이 자리 잡았던 자리에 몇 년 전 다시 전라감영이 들어섰다. 옛 시절을 고스란히 느낄 수는 없지만 이곳을 거쳐 갔던 감사들의 송덕비를 바라보고 있노라면 멀리서 당시 옷차림으로 걸어오

는 선인들이 보이는 듯하다. 경원동 우체국을 지나 조금 내려
가면 충경로에 이르고, 그 건너편에 조선시대의 국립호텔 격인
전주객사, 풍패지관이 있다.

어찌하여 느림의 즐거움은 사라져버렸는가? 아 어디에 있는
가. 옛날의 그 한량들은? 민요들 속의 그 게으른 주인공들, 이
방앗간 저 방앗간을 어슬렁거리며 총총한 별 아래 잠자던 그
방랑객들은? 시골길 초원, 숲속의 빈터, 자연과 더불어 사라져
버렸는가?

밀란 쿤데라의 소설《느림》에 실린 글과 같은 풍경이 금세
튀어나올 것 같은 이곳, 한옥마을은 전주시가 슬로시티로 선정
된 대표적인 이유다. 지나간 역사가 켜켜이 쌓여 바람결에 두
런두런 수많은 이야기를 들려주는 곳, 고도를 걸어 현대를 만
나는 전주 한옥마을 답사길로 들어가보자.

완주 인문여행 #1

서방산을 오르는 사람들

● 간중리 → ● 간중제 → ● 봉서사 → ● 서방산 정상

걷는 사람은 시간의 부자다. 한가로이 어떤 마을을 찾아 들어
가 휘휘 둘러보고 구경하고, 호수를 한 바퀴 돌고 강을 따라 걷
고 야산을 오르고 숲을 걷는 그는 자기 시간의 하나뿐인 주인
이다.

다브드 르 브르통의《걷기 예찬》에 실린 글과 같이 천천히
시간의 주인이 되어 세상을 잠시 잊은 채 오르기 좋은 산이 완
주군 용진면 간중리에 있는 서방산이다. 용진읍에서 봉동으로
가는 17번 국도에서 북쪽을 보면 우뚝 서 있는 산이 바로 전망
좋기로 소문난 서방산이다.

서방산으로 오르는 길은 간중리에서부터 시작된다. 소양천
과 만경강, 두 시내 가운데 자리 잡아 이름 붙은 간중리의 간중
저수지(간중제)를 지나면 밀양박씨 제실에 이르고, 지금은 휴업
중인 유격장을 지나 산길을 오르면 봉서사에 이른다. 서방정토

봉서사(鳳棲寺)라고 쓰여진 이 절은 신라 성덕왕 때 혜철선사가 창건하고 고려 공민왕 때 나옹 스님이 중창하고 진묵대사가 주석한 절이라서 한때는 큰 절로 이름이 높았다. 하지만 한국전쟁 때 대부분이 화재를 입어 사라졌던 것을 다시 중창한 태고종의 절이다.

물맛 좋기로 소문난 봉서사에서 물 한 모금 마시고 산길로 접어든다. 서방산으로 오르는 길은 팍팍하다. 하지만 천천히 오르며 잊고 지내던 내 삶을 뒤돌아보고, 그리웠던 순간들을 다시금 떠올린다. 산을 오르며 내가 나를 만나고, 자연 속으로 들어가 세상을 만나는 경이를 느끼는 것이다. 이런저런 생각에 잠기다 보면 능선에 닿고 능선 길에서 정상까지는 그다지 멀지 않다. 그렇게 서방산 정상에 선다.

한발 한발 숨을 헐떡이며 힘겹게 오른 산, 그 정상에서 바라보는 세상 풍경은 그림처럼 아스라하다. 작은 장난감이나 성냥갑처럼 들어선 집들 너머로 산들이 중첩되어 있고 그 사이로는 강물이 흐른다. 만경강 일대와 전주와 익산 그리고 김제 일대가 한눈에 조망된다. 세속을 떠난 은자와 같이 바라보는 풍경이 너무 아름다워 경탄을 금할 수 없다.

그대들은 높은 곳을 갈망할 때 위를 쳐다본다. 그러나 나는 높은 곳에 있으므로 아래를 굽어본다. 그대들 가운데 웃으며 높이 오를 자가 누구인가? 가장 높은 산에 오른 자는 온갖 비극과 비참한 현실을 비웃는다.

독일 철학자 니체의 《차라투스트라는 이렇게 말했다》 중 '독서와 저술'에 실린 글을 제대로 체감할 수 있는 산, 해발 611미터 정상에서는 산과 산, 산과 평야, 하늘과 바다가 함께 만난다. 동쪽으로는 송광사를 품에 안은 종남산이 있고 그 너머 만덕산, 장수 팔공산, 진안 성각산, 평퍼짐한 내 고향 뒷산 덕태산이 줄을 지어 서 있다. 운장·연석·대둔산이 땀에 젖은 나를 건너다보고 만경평야 너머에서는 서해바다가 파도를 몰아온다. 그윽히 내려다본 들녘은 짙푸르고 그 평야 가운데로 파란 물길이 흐른다. 만경강이다. '온전한 땅'이라는 전주는 거대한 아파트 숲속에 둘러싸여 보이지 않지만 만경강은 쉬지 않고 흐르고 있다.

모악산이나 대둔산에 가려 사람들이 있는지 없는지조차 모르는 산, 언젠가는 닿게 될 서방정토를 그리워하며 큰 바위 얼굴처럼 서 있는 서방산을 천천히 오르고 싶지 않은가?

완주 인문여행 #2

모악산을 오르는 사람들

● **모악산 관광단지** → ● **선녀폭포** → ● **대원사** → ● **수왕사** →
● **모악산 정상**

전주와 완주뿐만 아니라 전라북도 사람들이 가장 많이 찾는 산이 모악산이다. 드넓게 펼쳐진 호남평야에 우뚝 선 평지 돌출의 산, 모악산은 전주와 완주 그리고 김제시가 감싸고 있다. 정상에 올라서서 보면 멀리 고창과 부안, 김제를 지나 익산부터 충청도 논산 일대까지 한눈에 보이고, 날씨가 좋은 날은 서해바다가 가슴 시리게 다가온다.

주말에 모악산을 오르면 이곳이 산인지 시장인지 구분되지 않을 만큼 사람이 많다. 탁 트인 평야와 굽이쳐 흘러가는 산을 조망하며 도시인의 스트레스를 푸는 사람도 있고, 종교 사상가들의 흔적에서 오감으로 정기를 느끼는 사람도 있다. 호젓한 산행이 아니더라도 산에 오르는 목표는 충분히 이룰 수 있다.

완주군 구이면의 <u>모악산 관광단지</u> 주차장에서 모악산 산행이 시작된다. 산길을 조금 오르면 자그마한 <u>선녀폭포</u>가 나타나고 그곳에서 대원사까지는 그리 멀지 않다. <u>대원사</u>에서부터 정

상으로 가는 길은 가파르기 그지없다. 비오듯 땀을 흘리며 <u>수왕
사</u>에 도착해 마시는 물 한 바가지는 '물의 왕'이라는 절 이름이
아니라도 달기가 무엇에 비할 수 없다.

수왕사에서부터 모악산 정상은 지척이다. 정상에 서면 북
쪽의 운장산과 만덕산을 시작으로 시계 방향에 따라 덕유산·
덕태산·장안산·회문산·상두산·내장산·입암산의 연봉들
과 동학농민혁명이 시작되었던 고부의 두승산이 첩첩이 포개
져 달려온다. 서쪽을 보면 '징게맹경외애밋들' 너른 호남평야
너머 서해바다가 어서 오라고 손짓한다.

모악산은 높이는 794미터밖에 안 되지만 세상의 모든 풍
경을 다 볼 수 있을 것 같은 산이다. 그러므로 모악산에 오르는
것은 역사를 만나고 자연을 만나는 귀하고 아름다운 시간이다.

완주 인문여행 #3

송광사부터 위봉사까지, 역사와의 대화

● 송광사 → ● 오도천 → ● 오성 한옥마을 → ● 위봉산성 → ● 위봉사
→ ● 위봉폭포

　도시 근교에 있지만 금산사와 선운사, 내소사와 실상사 등
전라북도의 이름난 사찰에 가려 도시 사람들의 발길이 뜸한 곳
이 바로 종남산 자락의 **송광사**라는 절이다. 그 덕분에 고즈넉
한 고찰의 운치를 여유롭게 감상할 수 있는 곳이기도 하다.

　송광사에서 오성마을을 따라가는 길 옆을 흐르는 시내인
오도천을 따라가다 보면 아름다운 한옥이 그림처럼 들어서 있
는 **오성 한옥마을**에 이른다. 옮겨 놓은 고가와 새로 지은 한옥
이 섞여 있지만 자연스럽게 쌓은 돌담길 덕분에 어린 시절의
고향 마을을 회상할 수 있는 공간이다.

　불과 몇십 년 전만 해도 이 가파른 산비탈에 한옥마을이 들
어설 줄 누가 알았으랴. 산업사회에 지친 사람들이 한적하고
경치 좋고 공기 맑은 곳에 머물고 싶었나 보다 하며 주민들의
마음을 헤아려본다. '위대한 정신은 독수리와 같아서 높다란
고독 속에 둥지를 튼다'고 독일 시인 릴케가 말했지만 '큰 도시

는 큰 고독을 의미한다'는 로마 속담에 공감한 사람들이 더 많은가 보다.

한옥마을을 벗어나 굽이굽이 도는 길을 한참 올라가면 <u>위봉산성</u>에 이른다. 조선 숙종 때 이 산성을 쌓은 목적은 오로지 태조 이성계의 초상화 한 점을 유사시에 봉안하기 위해서였다. 그림 한 점 때문에 엄청난 양의 국고와 수많은 사람들의 피와 땀을 산성에 쏟아 붓다니, 현대인의 시각으로는 이해하기 힘든 일이지만 봉건왕조 시대에는 불가피한 일이었을 것이다.

위봉산성에서부터 백제 때 창건한 옛절인 <u>위봉사</u>까지는 멀지 않다. 위봉사 아래 <u>위봉폭포</u>는 경치가 아름다워 2021년 문화재청에서 국가 명승으로 지정한 곳이다.

송광사에서 위봉사까지 오르는 길은 역사와 대화를 나누며 걷는 길이다. '역사는 희미한 별빛이나 달빛으로 풍경을 보여준다'는 R.초트의 말을 기억하며 역사 속의 나를 만나보고 싶지 않은가?

찾아보기

키워드로 읽는 전주·완주

기타

여행자를 위한
도시 인문학

전주
완주

초판 1쇄 발행 2022년 6월 1일

지은이	신정일
펴낸이	박희선

편집	채희숙
디자인	디자인 잔
사진	신정일, Shutterstock

발행처	도서출판 가지
등록번호	제25100-2013-000094호
주소	서울 서대문구 거북골로 154, 103-1001
전화	070-8959-1513
팩스	070-4332-1513
전자우편	kindsbook@naver.com
블로그	www.kindsbook.blog.me
페이스북	www.facebook.com/kindsbook
인스타그램	www.instagram.com/kindsbook

신정일 © 2022

ISBN	979-11-86440-88-9 (04980)
	979-11-86440-17-9 (세트)